U0155801

捍海长城

姚倩——著

杭州出版社

图书在版编目（CIP）数据

捍海长城 / 姚倩著 . -- 杭州 : 杭州出版社，2022.8

（杭州优秀传统文化丛书）

ISBN 978-7-5565-1859-3

Ⅰ . ①捍… Ⅱ . ①姚… Ⅲ . ①古建筑—建筑史—杭州 Ⅳ . ① TU-098.42

中国版本图书馆 CIP 数据核字（2022）第 135275 号

Han Hai Changcheng

捍海长城

姚　倩　著

责任编辑	杨　凡
文字编辑	余潇艨
装帧设计	章雨洁
美术编辑	祁睿一
责任校对	陈铭杰
责任印务	姚　霖
出版发行	杭州出版社（杭州市西湖文化广场32号6楼） 电话：0571-87997719　邮编：310014 网址：www.hzcbs.com
排　　版	浙江时代出版服务有限公司
印　　刷	杭州日报报业集团盛元印务有限公司
经　　销	新华书店
开　　本	710 mm × 1000 mm　1/16
印　　张	13
字　　数	160千
版 印 次	2022年8月第1版　2022年8月第1次印刷
书　　号	ISBN 978-7-5565-1859-3
定　　价	58.00元

序 言

文化是城市最高和最终的价值

我们所居住的城市，不仅是人类文明的成果，也是人们日常生活的家园。各个时期的文化遗产像一部部史书，记录着城市的沧桑岁月。唯有保留下这些具有特殊意义的文化遗产，才能使我们今后的文化创造具有不间断的基础支撑，也才能使我们今天和未来的生活更美好。

对于中华文明的认知，我们还处在一个不断提升认识的过程中。

过去，人们把中华文化理解成“黄河文化”“黄土地文化”。随着考古新发现和学界对中华文明起源研究的深入，人们发现，除了黄河文化之外，长江文化也是中华文化的重要源头。杭州是中国七大古都之一，也是七大古都中最南方的历史文化名城。杭州历时四年，出版一套“杭州优秀传统文化丛书”，挖掘和传播位于长江流域、中国最南方的古都文化经典，这是弘扬中华优秀传统文化的善举。通过图书这一载体，人们能够静静地品味古代流传下来的丰富文化，完善自己对山水、遗迹、书画、辞章、工艺、风俗、名人等文化类型的认知。读过相关的书后，再走进博物馆或观赏文化景观，看到的历史遗存，将是另一番面貌。

过去一直有人在质疑，中国只有三千年文明，何谈五千年文明史？事实上，我们的考古学家和历史学者一直在努力，不断发掘的有如满天星斗般的考古成果，实证了五千年文明。从东北的辽河流域到黄河、长江流域，特别是杭州良渚古城遗址以距今5300—4300年的历史，以夯土高台、合围城墙以及规模宏大的水利工程等史前遗迹的发现，系统实证了古国的概念和文明的诞生，使世人确信：这里是古代国家的起源，是重要的文明发祥地。我以前从来不发微博，发的第一篇微博，就是关于良渚古城遗址的内容，喜获很高的关注度。

我一直关注各地对文化遗产的保护情况。第一次去良渚遗址时，当时正在开展考古遗址保护规划的制订，遇到的最大难题是遗址区域内有很多乡镇企业和临时建筑，环境保护问题十分突出。后来再去良渚遗址，让我感到一次次震撼：那些“压”在遗址上面的单位和建筑物相继被迁移和清理，良渚遗址成为一座国家级考古遗址公园，成为让参观者流连忘返的地方，把深埋在地下的考古遗址用生动形象的“语言”展示出来，成为让普通观众能够看懂、让青少年学生也能喜欢上的中华文明圣地。当年杭州提出西湖申报世界文化遗产时，我认为这是一项需要付出极大努力才能完成的任务。西湖位于蓬勃发展的大城市核心区域，西湖的特色是“三面云山一面城”，三面云山内不能出现任何侵害西湖文化景观的新建筑，做得到吗？十年申遗路，杭州市付出了极大的努力，今天无论是漫步苏堤、白堤，还是荡舟西湖里，都看不到任何一座不和谐的建筑，杭州做到了，西湖成功了。伴随着西湖申报世界文化遗产，杭州城市发展也坚定不移地从“西湖时代”迈向了“钱塘江时代”，气势磅礴地建起了杭州新城。

从文化景观到历史街区，从文物古迹到地方民居，众多文化遗产都是形成一座城市记忆的历史物证，也是一座城市文化价值的体现。杭州为了把地方传统文化这个大概念，变成一个社会民众易于掌握的清晰认识，将这套丛书概括为城史文化、山水文化、遗迹文化、辞章文化、艺术文化、工艺文化、风俗文化、起居文化、名人文化和思想文化十个系列。尽管这种概括还有可以探讨的地方，但也可以看作是一种务实之举，使市民百姓对地域文化的理解，有一个清晰完整、好读好记的载体。

传统文化和文化传统不是一个概念。传统文化背后蕴含的那些精神价值，才是文化传统。文化传统需要经过学者的研究提炼，将具有传承意义的传统文化提炼成文化传统。杭州与丛书作者在创作方面作了种种古为今用、古今观照的探讨交流，还专门增加了“思想文化系列”，从杭州古代的商业理念、中医思想、教育观念、科技精神等方面，集中挖掘提炼产生于杭州古城历史中灵魂性的文化精粹。这样的安排，是对传统文化内容把握和传播方式的理性思考。

继承传统文化，有一个继承什么和怎样继承的问题。传统文化是百年乃至千年以前的历史遗存，这些遗存的价值，有的已经被现代社会抛弃，也有的需要在新的历史条件下适当转化，唯有把传统文化中这些永恒的基本价值继承下来，才能构成当代社会的文化基石和精神营养。这套丛书定位在“优秀传统文化”上，显然是注意到了这个问题的重要性。在尊重作者写作风格、梳理和讲好“杭州故事”的同时，通过系列专家组、文艺评论组、综合评审组和编辑部、编委会多层面研读，和作者虚心交流，努力去粗取精，古为今用，这种对文化建设工作的敬畏和温情，值得推崇。

人民群众才是传统文化的真正主人。百年以来，中华传统文化受到过几次大的冲击。弘扬优秀传统文化，需要文化人士投身其中，但唯有让大众乐于接受传统文化，文化人士的所有努力才有最终价值。有人说我爱讲“段子”，其实我是在讲故事，希望用生动的语言争取听众。今天我们更重要的使命，是把历史文化前世今生的故事讲给大家听，告诉人们古代文化与现实生活的关系。这套丛书为了达到“轻阅读、易传播”的效果，一改以文史专家为主作为写作团队的习惯做法，邀请省内外作家担任主创团队，组织文史专家、文艺评论家协助把关建言，用历史故事带出传统文化，以细腻的对话和情节蕴含文化传统，辅以音视频等其他传播方式，不失为让传统文化走进千家万户的有益尝试。

中华文化是建立于不同区域文化特质基础之上的。作为中国的文化古都，杭州文化传统中有很多中华文化的典型特征，例如，中国人的自然观主张“天人合一”，相信“人与天地万物为一体”。在古代杭州老百姓的认知里，由于生活在自然天成的山水美景中，由于风调雨顺带来了富庶江南，勤于劳作又使杭州人得以“有闲”，人们较早对自然生态有了独特的敬畏和珍爱的态度。他们爱惜自然之力，善于农作物轮作，注意让生产资料休养生息；珍惜生态之力，精于探索自然天成的生活方式，在烹饪、茶饮、中医、养生等方面做到了天人相通；怜惜劳作之力，长于边劳动，边休闲娱乐和进行民俗、艺术创作，做到生产和生活的和谐统一。如果说"天人合一"是古代思想家们的哲学信仰，那么"亲近山水，讲求品赏"，应该是古代杭州人的生动实践，并成为影响后世的生活理念。

再如，中华文化的另一个特点是不远征、不排外，这体现了它的包容性。儒学对佛学的包容态度也说明了这一点，对来自远方的思想能够宽容接纳。在我们国家的东西南北甚至是偏远地区，老百姓的好客和包容也司空见惯，对异风异俗有一种欣赏的态度。杭州自古以来气候温润、山水秀美的自然条件，以及交通便利、商贾云集的经济优势，使其成为一个人口流动频繁的城市。历史上经历的"永嘉之乱，衣冠南渡"，"安史之乱，流民南移"，特别是"靖康之变，宋廷南迁"，这三次北方人口大迁移，使杭州人对外来文化的包容度较高。自古以来，吴越文化、南宋文化和北方移民文化的浸润，特别是唐宋以后各地商人、各大商帮在杭州的聚集和活动，给杭州商业文化的发展提供了丰富营养，使杭州人既留恋杭州的好山好水，又能用一种相对超脱的眼光，关注和包容家乡之外的社会万象。这种古都文化，也代表了中华文化的包容性特征。

城市文化保护与城市对外开放并不矛盾，反而相辅相成。古今中外的城市，凡是能够吸引人们关注的，都得益于与其他文化的碰撞和交流。现代城市要在对外交往的发展中，进行长期和持久的文化再造，并在再造中创造新的文化。杭州这套丛书，在尽数杭州各色传统文化经典时，有心安排了"古代杭州与国内城市的交往""古代杭州和国外城市的交往”两个选题，一个自古开放的城市形象，就在其中。

“杭州优秀传统文化丛书”团队在传统和现代的结合上，想了很多办法，做了很多努力。传统文化丛书要得到广大读者接受，不是件简单的事。我们已经走在现代化的路上，传统和现代的融合，不容易做好，需要扎扎实实地做，也需要非凡的创造力。因为，文化是城市功能的最高价值，也是城市功能的最终价值。从“功能城市”走向“文化城市”，就是这种质的飞跃的核心理念与终极目标。

单霁翔

2020 年 9 月

（单霁翔，中国文物学会会长）

湖山佳趣图（局部）

目　录

引　言

东汉许慎的《说文解字》说："塘，堤也。"在《康熙字典》中这样解释："筑土遏水曰塘。"说明塘就是为挡水而设置的人工挡墙，从这一意义上来说，筑塘可以追溯到良渚文化时期。2015 年，考古发现的良渚古城外围水利系统，是迄今所知中国最早的大型水利工程，也是世界上最早的水坝，是用于防洪的河塘。上海马桥遗址发现的，自常熟市福山至奉贤区柘林的一条"冈身"[①]，有专家认为是最早的古代海塘遗址。

①冈身：长江口南岸，由长江挟带的大量泥沙进入河口，同沿岸细砂、中砂和黄蚬、文蛤、青蛤等贝壳残骸碎屑在大风和海浪作用下不断向岸边运移，自常熟福山起，经太仓、嘉定方泰、上海马桥、奉贤新寺，直至金山漕泾一线及其东部区域，形成了上海西部数条西北—东南走向的贝壳沙堤，因其地势高爽，故俗称"冈身"。。

海塘主要分布在滨海地带，在江苏、浙江、福建、广东均有发现。由于滨海平原开发利用有早有迟，海塘工程的修筑也有先有后。江苏、浙江沿海地区开发较早，海塘工程技术的发展也比较迅速。著名的有"永安堤""常丰堰""范公堤"等。在众多的海防工程中，钱塘江海塘因其历史悠久、规模宏大、技艺精良称著于世，又被称为"海上长城"。

钱塘江以"壮观天下无"的涌潮举世闻名，又因涌潮毁天灭地的破坏力令人望而生畏。为保障杭嘉湖、宁绍地区等富庶经济区的经济兴盛和朝廷的财赋收入，有效抵御海水泛滥和海岸坍塌就成为重中之重。从五代吴越国起，历朝历代都致力于钱塘江海塘的修筑，不断改进修筑技艺，从最初的土塘发展成坚固的鱼鳞石塘，前后历经千年的时光。

钱塘江海塘分南北两岸：北岸从杭州西湖区转塘狮子口经西湖区、上城区、临平区，嘉兴海宁市、海盐市至平湖市金丝娘桥与江南海塘接壤，除去山体实长 137 千米；南岸从杭州萧山区临浦麻溪山至宁波镇海区外游山，除去山体实长 239 千米。钱塘江海塘捍卫了南北两岸人民的生命与财产安全，是名副其实的“守护神”。

随着历史变迁，钱塘江沿岸区划也多有调整。北岸的海宁于唐武德七年（624）并入钱塘县，此后历经各朝，“盐官县”“海宁州”“海宁县”等名称时有改变，但一直以来都隶属杭州府或杭州路，新中国成立后方属于嘉兴地区。南岸的萧山大部分地区历史上属于绍兴府，1959 年起隶属杭州市，2001 年成为杭州市的其中一个区。山水相依，传承有序，杭州古海塘也包含了海宁和萧山区域内的海塘。

“沧海桑田隔一堤，鱼龙鳌首相邻处。”当人类的脚步落在滨海肥沃的土地上，一场人与水的博弈就拉开了序幕。我们在无数次的潮涨潮落间建立起繁华的都市，留下了一段段动人的故事，而海塘无疑是最厚重的丰碑。

第一章

筑塘：长堤如城捍潮汐

千钱募土始成塘

秦王政二十六年（前 221），嬴政统一六国，建立了秦朝，定都咸阳。为了加强和巩固中央集权，他在政治、经济、文化等方面都采取了很多措施，其中很重要的一条就是废除“分封制”，实行“郡县制”，分天下为 36 个郡，设立了 1000 多个县。

在波涛汹涌的东海海滨，有一个普普通通的小县，叫钱唐县，隶属于会稽郡。当年秦始皇到会稽拜谒大禹陵的时候，曾到过钱唐县，在《史记·秦始皇本纪》中记录了这件事情：“三十七年十月癸丑，始皇出游……过丹阳，至钱唐，临浙江，水波恶……”这也是钱唐县第一次在史书中出现。

钱唐县坐落在山水之间，背靠灵隐，山上郁郁葱葱，四季鸟语花香。县城没有城墙，百姓们就居住在山脚下狭长的一溜平地上，据说县里只有一个县衙。钱唐县气候适宜，物产丰富，百姓生活还算安宁。

但因紧邻江海，海水肆虐，经常会冲淹田地。尤其是每年的七八月份，大风伴着大潮席卷而来，而这时正是地里粮食成熟的时候，一个不当心就会颗粒无收，百姓们苦不堪言。还好，并不是每年都会有这么厉害的潮灾，但隔几年总会有那么一次。为祈求平安，百姓们自发修建了庙宇，每年八月十八据说是潮神生日，百姓们就会祭祀潮神，希望神灵能保佑，少掀点风浪。

转眼到了东汉，这一年的九月，天下着靡靡细雨，会稽郡郡守的属官华信去拜访钱唐县令。

到了县衙，只见县令一脸愁容，心事重重，华信问道："令公还在为田地受淹的事情烦心吗？"

"是啊，县里一大半是山，能耕种的地不多，大多离江海又很近，今年好不容易等到粮食成熟，没想到来了这么大一场风潮。稻田受淹，粮食歉收，还淹死了六个人呢！唉，我真是无能呀，沟渠年年挖，可还是禁不住水啊。"

华信听了也非常难过，劝解道："令公，办法总会有的。"一日，华信在县衙门口的门槛边来回踱着步，和县令说："昨天晚上我在想，为什么我们不修一条像门槛一样的大堤，把潮水挡住呢！"

县令露出了比哭还难看的笑："我也想过呀，但整个县都挨着江和海，要修起来还不得几十里长啊，哪来那么多钱呀！县里的情况你也知道，只能将就维持，百姓们也只能吃饱饭而已，交不出税来啊。唉！"

华信捻着胡子沉默不语，过了好久，开口道："令公，我家里还有点钱……"

"哎呀，怎么能让你掏钱呢，那可不是一笔小钱啊！"

华信微微一笑，“您只要同意修大堤就好，至于怎么修，就看我的吧”。

县令听了一阵欣喜：“当真？好！那就全拜托给兄长了，事成了县里一定给你立碑！”

到了十一月，地里的农活都干完了，百姓们都空闲了下来。这时候，突然流传出一个消息：“只要挑一担土石倒在指定的地方，就能领到一千钱。”

消息一传开，众人一片哗然，一千钱啊，可以买许多粮食呢，是真的吗？大家将信将疑，互相打听着：“听说呀，这钱是华信华老爷出的。”“华老爷出的？他想干什么呀？”有个佃户站起来说：“嗨，不就是挑一担土吗，我有的是力气，闲着也是闲着，去试试看看吧。”

于是，大家蜂拥而去。一担担的土石源源不断从山上挑到了海边，华府和官府的人在指定地点验收，让民夫按照要求倾倒土石，验收合格就付给一千钱。消息越传越远，不仅整个钱唐县的青壮年都忙着挑土，甚至邻县很多民夫听到消息后，也挑着土石纷纷赶来。几十天下来，挑运到海边的土石也越来越多，越堆越高，越垒越长。

一个月后，当人们再挑着土石到海边的时候，被告知钱已经用完了，不能再付钱了。只是有很多人还不知道这个情况，仍然源源不断地从远处挑土石过来。

他们挑着土石到了现场后，知道不能拿钱了，都十分恼火：“怎么说不给就不给了呢！”

华府的人劝说着：“哎呀，我们华老爷已经付了很多钱了，真的没有余钱了，不好意思了。”

好在也就花了点力气，不给就不给吧。华府的人还好心相劝：“土石太重了，别挑回去了，就倒在这里吧。”还承诺以后再有这样的好事一定提早告诉大家。

就这样，陆陆续续又进行了半个多月。海边的土堆也越来越高，越来越长。先前倒在那里的土石也被来来往往的人们踩得结结实实。这时，人们惊喜地发现，海边的土堆堆成了一条长堤。

这时，大家都明白了，原来华信华老爷是为钱唐县筑了一条长堤啊！

第二年春汛，钱唐县的县令和华信来到了离县衙一里外新筑成的大堤上，只见整条大堤全用土石筑成，一头连着宝石山，一头连着万松岭，正好把原来的海湾分成了两部分。

看着堤坝保护着的平整的土地，县令仿佛看到了沉甸甸的收成，高兴得不行：“华兄啊，真的要感谢你啊！你也真想得出来，动员了这么多人力来挑土石筑大堤。你不给钱，也不怕老百姓骂你啊？”

“呵呵，骂就骂吧。我相信百姓们会理解的。你看，围起来的这部分水面变成了一个湖，可以养鱼、种荷，灌溉农田。这边呢，挡住了潮水，保护了这一大片农田。我想夸我的人肯定比骂我的多吧！再说了，毕竟我还是出了不少钱的。”

县令呵呵大笑：“是啊是啊，你功德无量！我看这片湖就叫华信湖吧！”

“不行，不行，这条堤塘是钱唐县成千上万百姓挑土石筑成的，依我看就叫钱塘湖吧！”

县令遵守承诺，就在堤上立了一个碑，把这件事原原本本地记载下来。这堆土而成的土塘就是有历史记载的钱塘江边的第一条海塘，也是当地人民御潮历史上第一次大规模的行动。

又过了几百年，到了南朝的刘宋王朝的元嘉十三年（436），钱唐县又迎来了一位县令刘道真，他是大臣刘怀肃的侄子，也算是名门之后。他刚到钱唐县就遇到了水灾，粮价飞涨，每升高达三百文，百姓苦不堪言。

宋文帝就派遣扬州治中从事沈演之等巡行东南地区，展开救灾。沈演之与钱唐县县令刘道真、余杭县县令刘道锡等商定开仓放粮以救济百姓。他们把官仓里囤积的官粮发放给受灾的百姓，顺利地渡过了难关，赢得了百姓的信任与口碑。沈演之上奏朝廷称赞说：“钱唐县令刘道真与余杭县令刘道锡为二邦之首最，治民之良宰。”宋文帝下令赐谷千斛，给予表彰。

刘道真在钱唐担任县令的时候，对当地的风土人情十分感兴趣，走遍了整个钱唐县的山山水水。又因为受过水灾之患，对于水利设施也非常重视，他特意去寻访了当年华信所筑之塘。这时候，钱唐县的田地已经增长了很多，县衙也已经搬迁到宝石山东面。他通过寻访，找到了当年灵隐山钱唐县旧衙的遗迹，华信发起所筑的防海大塘，就在旧县衙东面一里处，而县衙往南一里多就是筑堤所形成的湖，当时叫明圣湖，也就是后来的西湖。他还找到了堤上所树的古石碑，这件事情被他写进了自己的著作《钱唐记》：“防海大堤在县（衙）东一里，郡议曹华信，议立此塘以防海水。始开募，有能致一斛（读

庾太尉風儀偉長不輕舉止時人皆以為假亮有
大兒數歲雅重之質便自如此人知是天性溫太眞
甞隱幔怛之此兒神色恬然乃徐跪曰君侯何以為
此論者謂不減亮蘇峻時遇害庾氏譜曰會字會宗太尉亮長子年十九
咸和六年遇害或云見阿恭知元規非假阿恭會小字也
褚公於章安令遷太尉記室參軍按庾亮啓參佐名裒時直為參軍不
掌記室也名字已顯而位微人未多識公東出乘估客船
送故吏數人投錢唐亭住錢唐縣記曰縣近海為潮漂沒縣諸豪姓斂錢雇人
輦土為塘因以為名也爾時吳興沈充為縣令未詳當送客過浙江
客出亭吏驅公移牛屋下潮水至沈令起彷徨問牛

《世说新语·雅量》載华信筑塘之事（尊经阁影印南宋绍兴八年刻本）

hú）土石者，与钱千。旬日之间，来者云集。塘未成而不复取，于是载土石者，皆弃之去，塘因以成，故名‘钱塘’。”[①]

从此，华信筑塘的故事就被流传了下来。据说后来清代的水利专家陈文述还专门去进行了考证，证实了华信所筑堤塘确实存在，他写下了《钱塘行访汉华议曹筑塘处》一诗，写道“数到西湖第一功，议曹姓氏留余慕”[②]。

华信所筑之塘就在现在杭州钱塘门到清波门一带，北起宝石山麓，南至万松岭下，大概在西湖东岸，现在的南山路、湖滨一线。不论历史对华信如何评价，华信所筑之土塘促使了西湖的形成，改变了杭州海湾的结构，使老百姓免受潮患，所带来的好处是实实在在的。

①最早关于杭州的名称是《史记》中“钱唐县”，“钱唐”作为县名，从秦朝一直沿用到隋朝，到唐朝才改为“钱塘”。关于改名有许多不同的说法。其中以避“唐”讳的说法为多。也有说，六朝时期，“钱唐”是县名，“钱塘”是海塘的名称，唐朝以后，县名与海塘名才合二为一，都叫“钱塘”了。

②选自《颐道堂诗选》卷二〇，收《续修四库全书》集部别集类。

钱塘且借作钱城

唐光启三年（887），钱镠就任杭州刺史兼防御史，这一年，他36岁。钱镠，字具美，出生于杭州临安县钱坞垅，从24岁应募投军跟随董昌开始，一路征战，终于在杭州停留下来。这个人口只有8万多的三等小州，成为他的生活家园和基业发祥地。

当时的杭州城区，就在吴山脚下至凤凰山麓一带，空间范围狭小。钱镠到杭州后，就开始了杭州城的扩建工程。他先在凤凰山下建了“子城”，唐大顺元年（890），又开始建“夹城”。这次建城的目标主要是向西南方向扩展，从包家山到秦望山（今六和塔西），再折向北，经钱王岭至湖滨一带，修筑一道新城墙。这道城墙要在山坡上修建，穿越山林50余里，工程非常艰巨。钱镠亲自担任总务，总揽各种事务，召集民工1万多人，耗时3月成功修建城墙，扩大了杭州城的西南部。

过了3年，钱镠又在原来城址的基础上再次扩建，修建“罗城”。这次是向东北扩展，从吴山东南麓开始，向东北沿东河到艮山门，西面直到武林门，工程规模宏大。钱镠先后征用20余万民工和兵士，整整修筑了5个多月，修成后，居住的空间扩大了1倍，周边州县大量人员来到了杭州城。城市扩大了，人口增加了，杭州的经济快速繁荣起来。

后梁开平元年（907），钱镠被后梁册封为吴越王。随后他发布了很多兴修水利的政策，疏浚内湖，鼓励农耕，吴越国内一片欣欣向荣，与其他地区的动荡不安截然不同。唯一让钱镠倍感头痛的是钱塘江汹涌可怕的潮水。说起杭州，什么都好，唯有潮水不善。秋天，稻谷飘香，丰收在望的时候，突如其来的潮浪会瞬间冲决土沙堆成的江堤，席卷田地，百姓们一年的心血都会毁于一旦。更厉害的还会冲毁房舍，夺人性命。

这天，钱镠正坐在依山而建的华美的宫殿里，饮着美酒，心情十分舒畅。忽有宫人来报："罗隐罗大人去世了！"钱镠顿时惊出一身汗，把酒杯扔在了地上。

"年前因为他多次谏言，刚贬了他去任盐铁发运使，没想到这么快就病故了！"钱镠十分伤感，不禁想起罗隐任钱塘令时和他一起到钱塘江视察潮灾的情景。

面对惨烈的灾情，罗隐给他提了不少建议，视察后，钱镠连夜写了《筑塘疏》，上奏给了朝廷："民为社稷之本，土为百物所生，圣人曰：有土斯有财，塘不可不筑。"

无奈，朝廷不给力啊！

"不行，潮患不除，杭州不兴！"钱镠暗暗地下定了决心。

后梁开平四年（910）的秋天，到了六七月，连续阴雨，钱塘江水位越来越高，很有可能又会是一个灾年。八月，钱镠下令征集了20余万民工，开始修筑江塘。江塘从候潮门、通江门外开始修筑，基础刚刚打好，就遭遇了前所未有的困难，工程进展得并不顺利。钱塘江潮越来越猛，频繁冲击江岸，把正在施工的堤塘冲得七零八落，工程被迫暂停。

于是，钱镠召集众位大臣商量。

“大王，潮水太厉害了，用原来修筑城墙的办法挡不住啊！”原来修城墙用的是版筑法[1]，潮水汹涌，木板无法固定，自然就修不上去了。

“大王，关键还是潮水太厉害了！”“听当地百姓说，钱塘江有潮神啊！潮神可是神啊，不是人力能抵抗的！”

听到这里，钱镠一拍桌子：“我就不信这个邪！就让我去会会潮神吧！”

钱镠在军中挑选了500名弓箭手，准备了3000支箭，用精铁作箭头，上面用鹭鸶的羽毛装饰起来，箭身涂成了朱红色。

八月十八，是潮神的生日，钱镠先到了吴山子胥祠祷告苍天：“愿退一两月之怒涛，以建数百年之厚业。”并挥笔写下了一首诗：“天分浙水应东溟，日夜波涛不暂停。千尺巨堤冲欲裂，万人力御势须平。吴都地窄兵师广，罗刹名高海众狞。为报龙神并水府，钱塘且借作钱城。”[2]

祷告后，钱镠率众来到了叠雪楼前，用芦苇铺地，分东、南、西、北、中五个不同方位铺上不同颜色的布，又准备了鹿脯、煎饼、水果、枣脯、白酒、清水等供品，再次进行祈祷。祈祷大意是：“誓射蛟龙、灭鬼怪，以

①版筑法：我国古代修建墙体的一种技术，指筑土墙时人们先用圆木或木板绑成框架，然后向框架里添加一定湿度的土和少量的芦苇铺平，再用木锤或石夯夯实，夯满后拆除木框架，在此基础上重新绑好框架，再度填料夯实，直至完成预定厚度和高度，就成为墙。

②钱镠所写的这首诗有许多不同的名称和版本，如《吴越备史》中就写作“传语龙王并水府，钱塘借与筑钱城”。

求海水不再兴风作浪，乞求神灵保佑，并警告妖魔鬼怪不得继续大胆妄为，望神灵助我一臂之力。”祈祷完毕，钱镠与弓箭手严阵以待。

不一会儿，只听得隆隆巨响由远及近，声似闷雷滚动，远远望去，只见一线白花花的潮水，势如战马奔腾。高耸的潮头立于满江沸腾之中，张牙舞爪直扑而来。

钱镠见此情形，大吼一声：“放箭！”

在他射出了第一箭后，弓箭手500箭齐发，直射潮头，围观的百姓们都大声呐喊助威。连发5箭，逼得那潮头不敢往岸边过来。此时，钱镠又下令追射，潮头耷拉着脑袋，只好转身逃向西南边，不一会就消失得无影无踪了。

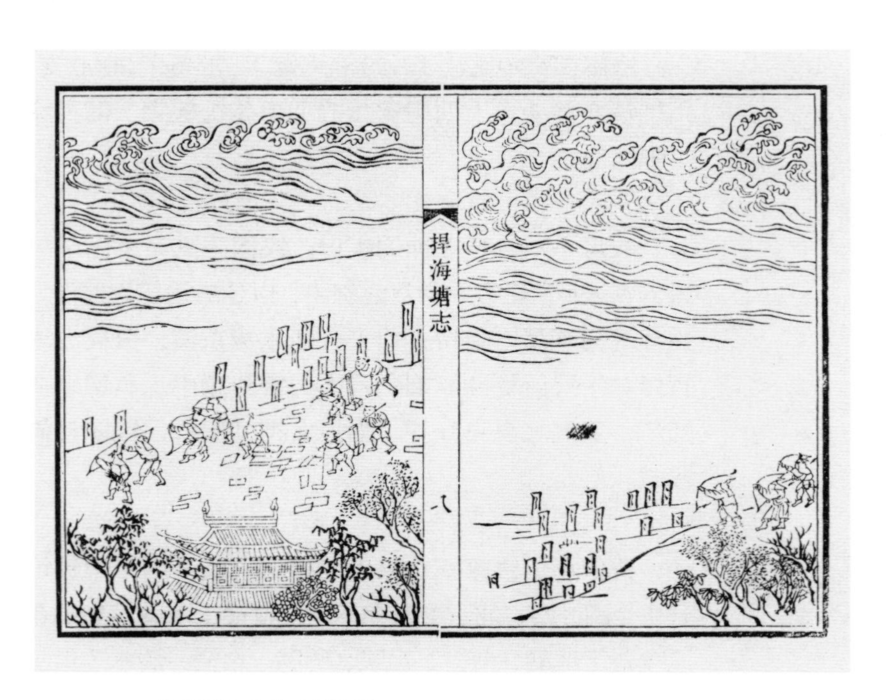

《捍海塘志》载《射潮图》

剩下的箭就被埋在了候潮、通江门外的滩涂上，并镇以铁幢（读 chuáng），据说如果幢破，箭便会射出。从此，潮水不敢再来侵扰，钱塘江江塘的修筑工程得以顺利进行。

为了江塘能修筑牢固，钱镠命人仔细研究后发明了“竹笼石塘”。先从山上砍来碗口大的毛竹，破开后编织成胸径那么大的竹笼，里面填上大石块，抬到江边，连结成几十丈长。再在塘岸边打下 6 层罗山大木桩，放下竹笼后，用罗山大木和绳索将竹笼牢牢固定住，后面再填筑高高的实土。在离开堤岸二丈九尺的地方，按照《周易》“既济”和“未济”二卦的方位，立九根大木桩，被称为“滉（读 huàng）柱”，用来阻挡第一波潮水。工程前后整整修建了两个多月，所修建的堤塘从六和塔到艮山门，长 338593 丈，被称为“钱氏捍海塘”。

不久，钱镠又进行了第三次扩城，兴建了“子城”。后来，又造了龙山、浙江两闸，阻止江潮入河，防止海潮倒灌，沿江卤地都变为了良田。同时还设立水寨军，常驻管理堤塘。

经过三次扩建，杭州城南到钱塘江北，北迤武林门，西濒西湖，东至菜市河（今东河），“腰鼓城”基本成形，影响杭州千年的“三面湖山一面城”的格局也就此奠定。

1983 年，在杭州江城路铁路立交桥工程施工时，首次发现了吴越捍海塘遗址。2014 年杭州市文物考古研究所再次进行了考古发掘，在发掘过程中，进一步发现了建于后梁开平四年（910）五代吴越国捍海塘遗址及相关遗迹。除发现海塘本体外，还出土大量唐五代瓷器残片以及芒鞋、竹编、芦苇编织物、漆器残件、加固塘体的

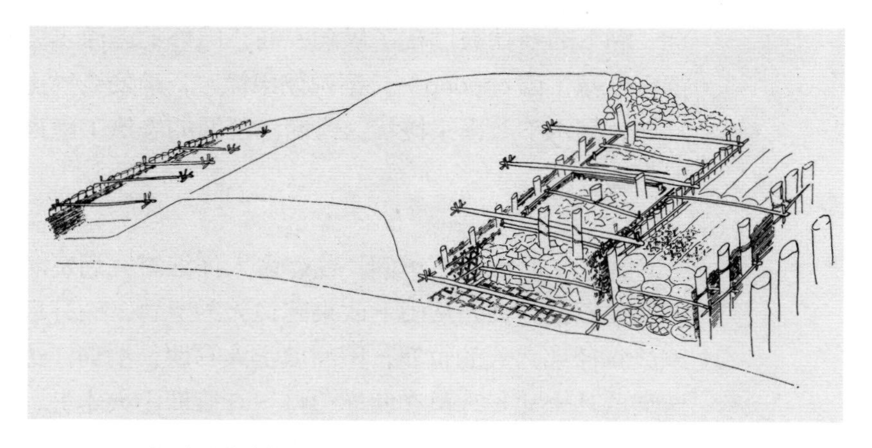

钱氏捍海塘结构示意图

麻绳以及动物骨骼、植物种子等有机质文物，为世人揭开了钱氏捍海塘的神秘面纱。

以柔克刚的柴塘

北宋大中祥符五年（1012）深秋，夹带着淡淡咸味的钱塘江风，吹过来已经有些寒意；岸边，灌木丛中舞动着的枝条，看上去依然茂盛。时任两浙转运副使的陈尧佐漫步在江堤上，望着此刻平静流淌的江水，脸上却露出一丝苦笑。熟悉钱塘江的人们知道，钱塘江静若“天空之镜”，动可“牛气冲天”，发起疯来可谓是桀骜不驯，谁能想到，那潮头真有房子那么高，投进去的大石块瞬间不见了踪影。

“唉，没想到繁华如杭州，会有钱塘江潮这样的灾祸啊！仲言兄，你怎么看？”

“我到杭州任知州已有两个年头了，每逢秋汛，钱塘江都会有汹涌的大潮，但像今年这么大的潮灾可不多见，当地百姓说往往七八年才会遇到一次。”杭州知州戚纶蹙（读 cù）着眉缓缓地说道。

“那也不是个事啊，潮水肆虐带来的破坏力如此巨大，如果不治理好，直接威胁沿江百姓的生命和财产安全啊！”

“是啊，现在修筑的江堤所用的还是当年‘竹笼石塘’之法。此法虽好，但竹材浸泡易蚀，而竹笼一旦腐朽，里面的块石就会被水冲走。这一段堤岸有不少地方还是去年刚垒砌过的呢。”

“嗯，毛竹不耐蚀，竹笼只要有一段出了问题就会全部垮塌，肯定不如大石块来得坚固。”

“是的，但一旦潮水冲击而来，哪里来得及去找那么多的大石头啊。唉！”

两人眼前又浮现出一个月前大潮冲倒堤岸的惨烈场景，那江上漂满房屋家具的残片，还有动物和人的尸体。

“还得再想想办法，关键是预防在先，只有平时把堤岸修筑牢固了，才不怕潮水侵扰，我们这背后可就是杭州城啊！”陈尧佐望着坑洼的江堤出了神。

接下来的日子里，人们常常看见这位陈大人漫步在江边。

有一天，陈尧佐走得有些累了，想找个地方歇歇脚，巡望四周，看到一老者正在江边使劲砍着小灌木。“老人家，这个东西尽是枝条，也不能打家具，只能当柴烧，你砍它干什么用呀？”

“大人，您不知道，我是用它来筑围墙啊。这些小枝条韧性足，经得起沤（读 òu），砍成一段段，和上泥，砌墙可好用了。”

“哦？这枝条还有这么大用处？”陈尧佐心里一动，想看看是怎么个砌法。“老人家，我上你家去歇个脚，喝口水，顺便看看你砌墙。”

“好啊，大人若不嫌弃，欢迎得很呐！”

陈尧佐来到老人家中，坐在院里喝着水，看着老人忙活。只见他把砍伐来的灌木、笤条剁成小段，扎成捆，和上泥，一层一层垒砌起来，不多会儿，两尺来高的围墙就砌好了一段。陈尧佐看着看着，突然把碗一放，说了句“老人家，太谢谢你了！”，就头也不回地匆匆离去了。

老人望着陈大人的背影发了愣：“谢我啥了？”

陈尧佐快步回到了转运使衙门，来到自己的书房，把书架上的书都搬了下来，仔细翻看。

“有了，有了，哈哈哈！快，快，去请戚大人！”

戚纶踩着方正的步子走进书房：“希元兄，有什么好事让你这么开心？”

“仲言啊，有办法了。你看看，这本《河渠志》介绍的关于治黄的埽（读 sào）工[①]技术可是大有用处啊！”

“‘……以梢芟（读 shān）分层匀铺，压以土及碎石，推卷成埽，以竹索、草绳、木桩等捆缚维系，高到几丈，长加倍……’这是治理黄河的办法啊，钱塘江是不是也可以……”戚纶也陷入了沉思。

“对呀！我今天看到一位老人家，用江边的小灌木枝条和上泥修围墙，原理与这卷埽不是差不多吗？而且这原料易得，这些杂柴杂条随处可得啊！当然，咱们还需要做进一步改进。”

①埽工：中国特有的一种在护岸、堵口、截流、筑坝等工程中常用的水工建筑构件，用柳梢、芦苇、秸秆、薪柴、竹木等软料分层匀铺，压以土及碎石，推卷而成埽捆或埽个，简称埽。若干个埽捆连接起来，修筑成护岸的工程即称为埽工。先秦时期已有类似埽的建筑，宋代黄河上已普遍使用。北宋中期，黄河自孟津以下两岸建有大规模埽工四五十处，卷埽技术已十分成熟。

“希元兄，高见。我这就找人去做，试试看。”

“好好，我马上给丁渭丁大人上书。”

“胡闹，什么‘下薪实土’，土能比石头还坚硬？柱石制[①]用了多少年了，怎么，他一去就不行了？”时任参知政事的丁渭，接到了陈尧佐的报告很不以为然，认为他这是胡思乱想、异想天开。而戚知州回到府衙后，赶紧召集了一批筑塘能手商量，把自己的想法告诉他们，让他们先尝试着修筑起来。

一个月后，陈尧佐和戚纶再次来到了钱塘江筑塘工地，这时，新修筑的堤塘已经初见雏形。在滩涂上，修剪好的枝条扎成一捆捆，每捆大约3尺来长，1尺多粗细，整齐地一层层垒放着。他走近施工现场，仔细观察着整个筑塘工序：先是平铺一层柴，接着夯上一层土；再放上一层柴，然后再夯上一层土。大约放上八层，每一层都夯实夯紧。再分别在不同位置打下大木桩，把柴条牢牢地固定住。最后，在顶层柴条的上面又夯筑1尺多厚的黏土层。修筑好的整个堤塘有4米多高，迎水一面从下往上倾斜，看上去十分扎实。“嗯，不错！应该很结实。后面的护塘也要筑牢固了，别让它塌了。”

“大人，放心吧！后面可是用沙黏土一层层夯筑成的，牢着呢！”塘工们应着。

“希元兄，你看潮水来了。”只见远处一片波涛前推后拥直奔堤岸而来，浪涛猛烈地撞到柴土堆上，瞬间变得有些绵软，状似无奈地回了过去。

“这柴枝有韧性，还挺经得起冲击的！”戚纶兴奋地捋着胡子。

①柱石制：即竹笼石塘。据《咸淳临安志》载：“大中祥符五年，郡守戚纶与两浙转运使陈尧佐申请遣使自京师部埽匠濠寨赴州。以埽岸易柱石之制，虽免水患，而众颇非其变法焉。”

“嗯，是挺不错的。不过今天只是初十，潮水可不大呀！”陈尧佐笑咪咪地说，“走吧，咱们再去那边看看。”

“陈大人……”司衙的一位押司叫住了陈尧佐，欲言又止。

“怎么了？”

“刚才接到消息，说大人您即将调任京西转运使。”

陈尧佐沉默了，过了好一会儿，笑笑说：“好呀，我也该换个地方了。仲言，这个梢楗（读 jiàn）之术已是初步有成啊，但还要多试试，必须确保万无一失才行。”他转身面对塘工们，深情地说道：“别管别人说什么，这个技术啊，你们都得给我掌握好了。什么地段适合用这种塘型，抢修的时候该怎么用，还得继续好好研究，肯定有用得着的时候！”

陈尧佐离开杭州赴任去了。

戚纶继续组织大家就地取材，建起了这种简便实用的堤塘，因采用的主要材料为杂柴，当地百姓形象地称之为“柴塘”。

又过了两年，到了大中祥符七年（1014），这年的潮水可谓凶猛，冲毁了堤岸，淹没了农田。时任发运使李博、内供奉使卢守勤，不知道为什么觉得柴塘修起来不方便，在重修堤塘时废弃不用，仍然采用了原来“竹笼石塘”的方法来修塘。

但是，柴塘这一塘型因具有整体性和柔韧性，抗冲击能力比一般普通的土塘要强，又可就地取材，费用比

北海塘东段（萧绍海塘）上虞蒿坝终点碑和清水闸

较省，施工还比较方便，后来还是被广泛使用的，尤其是在地基软弱、承载力低、潮流又强劲的地段和抢险时被经常使用。

北宋天禧三年（1019），黄河决口，朝廷起用陈尧佐任滑州知州，他制作木笼以缓冲猛烈的水势，又修筑了长堤抵御水患，人们把他修筑的堤塘称作“陈公堤”。后来他又受命治理汾水、修筑堤防，成了一代治水名臣。

2015 年，在杭州市萧山区塘湾村的北海塘遗址，首次发现了保存相对完整的宋代柴塘，在后来的多次海塘遗址发掘中均发现柴塘，为柴塘使用的普遍性提供了实证。

叠石成塘张夏始

宋代时期，钱塘江江道笔直，呈现一道顺直的喇叭口形状。每当潮水涌起，从杭州湾逆流而上，直奔定山、浮山，势力可谓非常巨大。而钱塘江沿岸的堤坝主要还是以土塘为主，只有局部地段修筑了竹笼石塘，而竹笼长期浸泡水中，终会腐烂朽坏，里面的块石会因水的持续冲刷而散开。如遇到大潮冲击，堤塘就十分危急。因而每到农历八月汛期，杭州人就特别地担心害怕。

仁宗皇帝对浙江的水利非常重视，解决浙江的水患也成了朝廷的一件大事。他思来想去，决定派张夏[①]来浙江。北宋景祐元年（1034），张夏以都官员外郎知泗州，他在安徽泗州任上就有过筑堤治水的经验。北宋景祐三年（1036），张夏以工部郎中出任两浙转运使，主持修筑浙江海塘。这一年四月，朝廷还派出了担任右谏议大夫、集贤殿学士的俞献卿任杭州知府。

张夏到任后，马上开始走访钱塘江两岸，对所有堤塘情况开展调查，同时组织知府衙门一干人等反复商议。

“现在的塘大都为土筑，沿州城外有竹笼石塘，也有部分是薪土柴塘，抵御大潮的能力有限，每次修筑也要

①张夏：字伯起，生卒年未详。据南宋《咸淳临安志》等史料记载为北宋开封府雍丘县（今河南杞县）人，景祐年间曾任两浙路转运使。毛奇龄《西河文集》载：“张十一郎官者，宋护堤侯张五六老相公也。名夏，邑之坞里人。”《萧山县志》载：“张夏，宋萧山长山乡（今楼塔、河上乡一带）人。其父曾为五代吴越国刑部尚书。”

花费万人之力，也不过两三年就坏了。还是改用石块来砌吧！”

“筑石堤可以一劳永逸，我非常赞成，只是，采石需要大量的劳动力，而杭州民力还是很有限啊！”俞知府低头翻着手里的账册。

“人不够，咱就想办法！”张夏向朝廷上了奏折，要求增加一个捍江营，下设 5 个指挥，每个指挥 400 名士兵，总共 2000 名士兵，专门负责海塘的采石、修筑和日常的维护。在张夏和俞献卿的操办下，2000 名士兵很快就到位了。士兵们就近在西山上开采石料，把开凿出来的块石运到江边，凿去块石多余的棱角。然后，在迎水一面用块石垒砌，直接用来挡水；在背水一面又密筑土堤，作为支撑，两者紧密结合、相辅相成。砌石有收分，筑土有斜坡，顶面的宽度要小于底部的宽度，这样，整个堤岸就十分牢固了。

筑塘工程开始不久，老天爷就给了张夏一个下马威。北宋景祐四年（1037）的六月初四，杭州突发灾情，巨大的风力挟裹着大雨形成滔天巨浪，向堤岸冲击而来，正在修补的堤岸一下就崩溃了，数千丈的江堤坍塌了，大量的江水漫进城区，杭州城险象环生。张夏和俞献卿组织了捍江营的全体兵士，又征集了大量塘工，日夜守在大堤上，运送石块，修补缺口，加固堤塘，分段守护。张夏更是冒大雨、顶着大潮亲自在一线指挥。

天晴了，潮水退下去了，杭州城总算保住了。

第二天，杭州百姓扶老携幼来到江堤上摆上香炉，烧上一炷香，感谢龙王和潮神手下留情。有几个好事的人，看见了这一幕，对上了话。

“嗨，你们谢什么龙王啊！龙王可不会开恩啊，要谢就谢张大人吧！没有张大人修筑这个石塘，我们这些人啊，全成了龙王的点心了。”

“对啊，说得太对了！”“我们是要感谢张大人！”

百姓们纷纷向还没有下堤的张夏表示感谢。有几个乡贤还凑了几个钱，在江堤边上为张夏立了一座小小的生祠，希望他能健康如意，保佑江边百姓平安。

张夏并没有因为潮水退去而懈怠，他带领兵士们继续修筑石塘，从六和塔直到东青门，共修了12里。

北岸的海塘暂时牢固了，张夏又来到钱塘江南岸。

“大人，这边的海塘比北岸修的时间要早得多呢！”

“是啊，但是现在情况也不太好啊，你看大多堤塘还是土塘，这段是柴塘，西兴这一段倒是篓石塘，但也朽烂了。”张夏已经沿江走了整整一天了。

“大人，那还修吗？”

“当然得修！”

张夏亲自主持了南岸海塘的修筑工程。在南岸，他仍然采用了叠石塘的修筑方法，派捍江营兵士采石修塘，整个过程亲力亲为。

转眼进入了秋天，这年六月份倒是雨水不多，没想到进入七月，又是雨水不断，钱塘江水涨高了不少。

“大人，今年的天气不太好，如果现在不能把堤塘修好，到了八月大潮一来，可不得了。”

“堤塘一定要修到三丈以上，明天我亲自去看！”

第二天，张夏穿着青衣小帽，来到了萧山长山的堤塘修筑现场，只见堤塘已经垒起了两丈多高，兵士们扛的扛、抬的抬、运的运，一片忙碌。

张夏看着看着，不禁蹙起了眉头，指着迎水面的一个缺口问道：“这些石块是谁负责的？没有夯实，而且都往外倾斜了，一冲就得倒！”

“大人，这是我负责的。这里正好是个转弯角，一边有突出，看不清楚了，垒石头只能凭感觉啊。”一个指挥赶紧跑了过来。

张夏前后左右仔细看了看：“来人，备船！”

“大人，您这是？”

“我乘船到江上去看看，看能不能从江上指挥你们。你们看着我的旗子。”

“大人，使不得，江上不安全，潮水还没退呢！”

“没有时间了，抓紧干吧！”说完，张夏就带了几个属下登上了江船。

船在江面上剧烈地晃动着，船工是个老手，顺着潮头不断调整方向，停在离岸不远的地方。张夏仔细观察着堤岸上的块石，不停地向部下发出指令。

突然，船身猛的一阵摇摆，船工惊呼：“不好，有暗潮！”还没等大家反应过来，船只在被浪头高高托起后倾覆在江面上。

“大人！大人！”岸上众人惊得魂魄全无，那些兵士顾不得脱衣服，纷纷跳入江中救人。

可是，潮水实在太厉害了，突然袭来的潮水不仅打翻了船只，还将船上的人卷入了江中。

众人在江水中足足搜寻了一夜，都没有找到张夏。岸上哭声一片，人们悲痛万分。但是大家还是不忍离去，继续在江边搜寻，期待奇迹的发生。

第二天，潮水退去，江上一片平静，远处，天边露出了一缕红色的霞光，只见一只大鼋（读 yuán）背负着张夏的尸身，在江面上缓缓浮起。

“大家不要哭了，张大人这是去做潮神了！他会一直保佑我们的！”“对，大人成神了！”众人见此情形一起跪拜磕头。

张夏葬在长山之麓，坟墓面向钱塘江，周边建有一个祠庙，称为“护堤侯庙”，亦称“张神殿”。据说，每次大雨过后，钱塘江边经常会看到数队神灯沿山而归，百姓们都说是张大人正在巡视海塘呢。

张夏的足迹遍布钱塘江两岸，在他的主持下，那些重要地段都修建成了石塘，惠及了两浙人民。他去世后朝廷封他为“宁江侯”，沿江百姓们尊他为潮神，到处建有祭祀他的祠庙，每年都会举办隆重的祭祀活动，风俗一直流传至今。

重修石堤万世利

北宋庆历康定（1040），西夏军再一次南下侵犯宋朝边境，北宋和西夏边境的战争由此全面开启。宋朝军队接连吃了三次败仗，同时，国内又出现许多农民起义和叛乱。

北宋庆历三年（1043），任参知政事的范仲淹向仁宗上了《答手诏条陈十事疏》，提出了以整顿吏治为中心的十项改革，在仁宗的支持下，一场轰轰烈烈的新政新政[1]在全国范围内实施了。为了保障新政顺利实施，范仲淹委派按察使到各地去考察地方官的政绩，地方官一旦政绩不合格，就会马上从官员名册上除名，一时之间，整个官场风声鹤唳、草木皆兵。在新政的推行之下，整个官场的风气为之一正，贪官冗官受到了惩处，能臣干才得到了更大的发挥空间。

北宋庆历四年（1044）的六月，钱塘江强涌潮再次来袭，江上刮起了飓风，驱使着潮水向着堤岸疯狂冲击，本来还算坚固的堤岸，就像刚出炉的胡饼一样，顷刻间被潮水吞噬了一半，越过海塘的江水快速冲向房屋和田地。

①庆历新政：北宋仁宗时的政治改革。庆历三年（1043），参知政事范仲淹提出“明黜陟、抑侥幸、精贡举、择官长、均公田、厚农桑、修武备、减徭役、推恩信、重命令”等十项整顿政事的主张，被仁宗采纳，颁诏推行。后因受反对改革的官僚的诬陷，范仲淹等遭到贬逐，改革持续一年即终止。

强潮袭来，险情不断。杭州知州杨偕率领兵士和民夫紧急抢修，运来了大量的石块、柴土堵塞缺口。两浙转运按察使田瑜也赶到现场，参与海塘的抢险指挥。幸亏当年转运使张夏在险要地段将柴塘改成了石塘，基础比较扎实牢固，一夜紧急抢修后，堤岸终于守住了。百姓对两公感激涕零，对他们说："钱塘江的潮水实在是太厉害了，特别是今年比往年要更凶猛，多亏当年的张公和两位大人，不然，我们今天都要变成江里的鱼鳖了。"

杨偕和田瑜听着众人的言语，望着波涛汹涌的钱塘江沉思良久。

"资忠兄啊，今天算是守住了，但这绝不是长久的安宁啊！杭州城离开江岸不过数百步，城里居住的百姓却有数十万啊，咱们还得再继续想办法。"

"是啊，次公兄，钱塘江性情暴躁，江道又时常改变，一旦改道，势不可当，必定成患。咱们可不能学那些光说不做之人，既然为官一任，必须做点对得住朝廷和百

毁损的老海塘旧影

姓的事！”田瑜一拍膝盖，大声地说。

“说得太好了！我当年之所以要求离开京师，到地方担任知州，也是希望离开那些是是非非，能为百姓实实在在地做些事情。”杨偕也十分感慨，“依我看，最好的办法，还是要修筑石塘，像张夏张大人所筑的那样的石塘。”

田瑜和杨偕带领随从，实地勘查了杭州一带的堤塘，对原来张夏所修筑的石塘的分布和现状做了深入的了解，又找来熟悉钱塘江水情和杭州地质的老塘工反复商讨。他们俩给朝廷上了奏折，希望朝廷能支持他们，将沿江堤塘全部改修成石塘。

因为他们递交的方案非常翔实，也很有操作性，仁宗皇帝觉得杭州作为南方重要的州治，人口稠密，周边又是粮食产区，彻底解决水患非常重要，就同意拨款 40 万缗（读 mín），并且同意动用江淮、两浙、福建的兵丁来参与筑塘。田瑜和杨偕召集了手下一干人等，并征集了 10 多个县的精壮劳力 5000 余人，大规模启动了杭州钱塘江堤塘的修筑工程。

这一场轰轰烈烈的筑塘工程，也得到了当地百姓的广泛支持。从秋天到冬季，天气越来越冷，钱塘江边朔风凛冽，江水刺骨冰冷，所用的土、石等材料要从几十里外的地方运过来，但所有参与筑塘的兵士和民夫没有一个怕苦不干的。田瑜和杨偕亲自为堤塘修筑质量把关，几乎每天都要到筑塘工地上走走看看，几个月下来，他俩也近乎成了筑塘工程的专家。

“你看，潮水来时有远有近，潮头也是既曲又折的，不同区段的堤塘所要承受的冲击力量明显不一样，原来建成的堤岸大多走直线，几乎是笔直的，这肯定会影响实际抵御效果。”

“很有必要把这堤岸也变得有弯有曲，圆弧形的结构更加耐受冲击，能够更好地抵挡潮头。虽然工程修筑会麻烦些。”

为了让江塘更加顺应潮水走势，提高实际抵御力，田瑜和杨偕对岸线进行了多轮勘察，请了有经验的塘工进行反复试验，经过不断地揣摩、尝试，研究总结出了“圆折其势，以杀潮头”的经验。新修筑的石塘有了崭新的变化，塘身改直线为曲线，也更能抵抗潮水的冲击了。

紧接着，他们又发现了一个新问题，张夏所筑的石塘之所以容易被冲垮，主要原因是潮水来时首先受到冲击的部位是塘根，久而久之，塘根就变得容易受损，如何想办法更好地保护塘根，便成了重中之重。

“对了，必须要动脑子想出更好的办法来。我看原来那个竹笼石塘的法子就不错，可以再用。”

“竹笼石塘好是好，就是太大了，太大！”

“根据实际情况，具体尺寸可以做些变化呀！”

两人越说越来劲，连说带比划，画了好多草稿图，然后又找塘工做了几个实样，分类别进行了实验，最后选定最合适的样式。经过反复尝试，决定在水流冲击力最大的塘根部分，增加了小型的竹笼石塘保护，这样一来，堤塘就更加牢固了。

这次修塘的规模非常大，总共动用了 30 余万人力，花费了50余万缗，都是田瑜和杨偕亲自调度的。他们先对原有的石塘进行加固，把张夏所筑从龙山到官浦的2000丈旧塘整整加高了1丈，又修筑了钱塘新堤200丈。在众人的努力下，到年底工程终于完工了。修筑好的堤塘高达五仞广有四丈，石坚土厚非常牢固，顶层夯实十分平整，特别是御香亭这一带，更是固若金汤。坚固的石塘取代了原有的土塘、柴塘，抵御潮患的能力大为提高，杭州城的安全有了更好的保障。

当时，正在杭州学府任教授的丁宝臣，内心也同样火热，他与欧阳修是好朋友，与范仲淹、欧阳修这些主张变革的大臣们意气相投，都希望国家在经历了战争和饥荒后，能够变得更加强大。尽管知府杨偕与欧阳修有些过节，但杨偕为民解忧，不辞劳苦地修筑江塘的行为还是深深地感动了他。从海塘修筑开始，丁宝臣一直关注着这件大事，也经常为他们出些点子，利用自己的身份鼓励百姓支持修塘。当蜿蜒十多里的巍峨石塘修筑完成后，丁宝臣内心激荡不已，无论时局如何，为官就要恪尽职守，造福百姓的信念都是一样的。他将杨偕和田瑜修筑海塘的整个始末全部记录下来，写下了《石堤记》，为杭州的江塘修筑留下了宝贵的历史记载。

2016年7月，在杭州常青古海塘遗址的考古发掘中，发现了宋元时期的海塘实物，为研究宋代石塘提供了宝贵的实证。

石柴重障土备塘

在杭州城东北近百里有个古镇叫盐官，传说是西汉吴王刘濞（读 bì）制作食盐的地方，钱塘江北岸盐官段有许多许多盐场，盐业收入是当地非常重要的经济来源。

南宋时期，钱塘江时常会改道，潮患也越来越多。南宋嘉定十二年（1219），钱塘江突然改走北大亹（读 mén）[①]，潮水直接冲入平原有 30 多里，盐官县城也成了一片汪洋，沿岸的上管、下管、黄湾等盐场更不用说了，那些盐早就成了东海龙王的调味品了。蜀山没入海中，成了岛屿，村庄、田地一半以上被冲毁。消息报到了朝廷，宋宁宗非常重视，命令地方官员加紧修筑海塘，保护农田。这时的南宋，同金国正进行着一场大规模的战争，一打就是好几年，波及了长江流域的所有地区，百姓苦不堪言。而这时的钱塘江也喧闹有余，日不间断地冲刷着盐官的堤岸。

在临安府的一处私家园子里，几位大人正在会友议文。“得了霄字韵，静斋啊，你即将任浙西提举，赴盐官去处理水患，送首诗给你吧。”南宋著名理学家魏了翁边说边提笔写下了一首诗：“君王位三极，五气咸宣昭。有一弗余若，引咎自己招。如何圻（读 qí）甸间，灵胥

①亹：峡中两岸对峙如门的地方。钱塘江江道自古多变，历史上形成了通过南大亹、中小亹、北大亹的 3 条江槽，南北摆移范围达到 20 千米，史称"三亹变迁"。龛山与赭山之间为南大亹，又称海门；南大亹之北，禅机山与河庄山之间为中小亹；河庄山以北到海宁南海塘之间为北大亹。有佐证表明，直至明代，江流主槽仍然是走南大门的；中小亹因江面较窄，主要为南北两大亹过渡之间的流路。康熙四十二年（1703）水势北趋，钱塘江主流以北大亹为主槽，南大亹、中小亹逐渐淤塞。

敢为妖。毋谓一指搐（读 chù），能使身无聊。是用选肤使，汝往锄其骄。将指得若人，谴异不足销。水生乎天一，阳实为根苗。疏通乃循轨，壅塞逾惊漂。是理与政通，更当省厥徭。绩成报天子，鸣珮行青霄。”①

“好，好，好！鹤山兄，我这个大理寺丞去提举水利，有点勉为其难。不过，借你吉言，我一定不负皇恩啊！”刘垕（读 hòu）抿了一口茶，目光灼灼地看着魏了翁。

南宋嘉定十五年（1222）十一月，刘垕来到了盐官。连着几年的江水泛滥，原来沿江的盐灶已经尽没，盐田都被摧毁，大片的农田成为盐碱之地。刘垕越看心里越不是滋味，他当即招来了县衙的县令、漕司等人，认真研究制定治水方略。

“当今之计，先要清除淤积，把损毁的捍海塘先修复起来。”在刘垕的指挥下，咸塘、淡塘、袁花塘三段海塘首先着手整修。但是，修复工程进行得并不顺利，因强潮冲击，工程反反复复、时断时续，尤其是几处大决口，比预计的困难要更多更大，总是难以合龙。

“大人，这捍海塘咱们一直在修，可就是还没修好就又被冲倒了，一旦被冲倒，这江水直奔盐官，到处都是泥泞，别说运送筑塘材料，连走个路也不好走啊。大人您看。”那个衙役抬起粘满泥浆的腿，向刘垕抱怨着，“唉，城里连口干净的水都没得喝呀！”

刘垕想起衙门里那碗咸滋滋的茶，苦笑道：“我也晓得啊！修筑海塘这事仅凭人力确实是不够的，咱们还得恭敬神力啊。你们放心吧，本官决定向神明禀告，相信神明一定会护佑的。”

① 出自《送刘寺丞赴浙西提举分韵得霄字盐官县以海漂荡命措置》。全诗以霄字为韵脚。诗中讲了治水的道理，勉励刘垕做出功绩报效朝廷。

刘垕带领大家迎奉了城隍、忠清、龙王三祠的神像到潮水冲击最厉害的决口处，摆下香案，亲自祈祷。

刘垕的举动，不仅感动了神灵，也感化了百姓，给参加抢修捍海塘工程的兵士、民夫注入了强大的精神力量。

“三分人事，七分由天”，天佑人更勤。之后，盐官百姓勠力同心，完成了捍海塘的抢修工程。

为了防备主塘被冲倒后潮水继续肆虐，刘垕又组织大家在捍海塘外围挖了一条河，用挖出的土在河的另一侧筑了一条结实的土塘。

刘垕笑呵呵地对大家说：“备塘，有备而无患。虽然是土筑的，用来阻挡那些强弩之末的潮水可是正好呢！”

“大人，那为什么还要挖条河呢？多费工啊。”还有人想不明白。

“这条河，可是有大用处的。万一有决口，或者溢过堤塘的江水，流进河里，那些咸水可以被稀释消纳，咱们往后就可以不用喝咸水了。平时还可以通船，运送筑塘的材料可方便多了。”听刘垕一说，大家觉得这办法还真是不错，备塘和备塘河的做法也就被大家认可了，之后逐渐被推广开来。

到了第二年春天，盐官江岸边的沙地慢慢地涨起来了，堤岸也更牢固了。

沧海桑田、潮起潮落。几百年后，清雍正十年（1732），秋潮大盛，汹涌的潮水自东向西，侵入仁和县界，沿岸的柴塘、石塘被冲毁，潮水离杭州城区只有二三十里地，情况非常危急。次年正月，朝廷派出了内大臣、户部侍郎海望和时任直隶总督的李卫一起赶往杭州。

一路上，两人一边看着奏章，一边商量着。“李兄，你可是修筑海塘的老手啊，江浙的海塘可都是你一手经办的，这回还得看你啊！”海望一脸希冀地看着李卫。

“海大人，你也是内务府办事最老诚的，办法多的是，咱们先看看情况再说吧。”

李卫和海望沿江实地仔细勘察后，发现原有的旧塘到处坍损，情况还是非常严重的。李卫深深叹了口气：“唉，钱塘江的潮水真是太厉害了！”他赶紧给雍正帝上了奏折，提出修建鱼鳞大石塘不仅费用巨大，而且工程量巨大，没个几年修不成，可潮水不等人，不如在离开外塘一里或半里的地方，先修筑一道土备塘，遇到大潮水漫过外塘的时候可以阻挡，潮水也不致于内灌到民田。雍正帝很快同意了李卫的意见，让李卫和海望赶紧先修筑土备塘。

土备塘从清雍正十一年（1733）十月开始修建，大约花了 5 个月左右时间，到清雍正十二（1734）年的三月，工程终于竣工了。土备塘从宁邑龟山脚下开始修起，一直修到仁邑的李家村，总共修了 14048 丈 5 尺。修成的土备塘高约 1.2 丈，顶宽约 2.4 丈，底宽约 5.1 丈，总共花了 136729 两白银。[①]当年四月，为了保护好新筑的海塘，海望又给雍正皇帝上了条奏，增设了道员、守备等官员，增加了管理的堡丁，建设了衙署和营堡房。

后来，同知徐昆等人在修筑土备塘时又觉得外面有

①出自《钱塘江文献集成·钱塘江海塘史料(四)》《海塘揽要》卷六“国朝修筑”。

石塘，里面有备塘，百姓居住在其间，雨水没有地方排泄，容易受淹，于是在低洼的地方修筑石闸、涵洞、木桥等，土备塘两侧都种植上桃树和柳树，形成了石塘、备塘、备塘河等特有的景观。

清乾隆二十七年（1762）三月，乾隆皇帝第三次南巡，对海塘进行了一次大规模的巡察。一路上，他兴致勃发，御笔写下了许多赞美海塘的诗词，其中《题土备塘》一诗中写道："土备塘云海望修，意存未雨先绸缪。石柴诚赖斯重障，是谓忘唇守齿谋。"

可见，乾隆皇帝对于海塘这种设立重障的方法还是十分赞赏的。这条海塘之后又被不断完善，主塘和备塘之间加筑横塘或撑塘，以缩小主塘万一漫溃时受淹的范围。连同塘前的丁坝、坦水、盘头等，形成了一套层层设防、纵横交错、分段隔绝、可进可退的纵深防御体系。

柳堤春晓万柳塘

南宋咸淳三年（1267），蒙将阿术进攻襄阳的安阳滩，揭开了长达 6 年的襄樊之战的序幕，在吕文焕等将领的抗击下，战事处于胶着状态，战争的影响也不断加剧。

“相公，这些天，您这是怎么了？整天愁眉苦脸的，是有什么为难的事吗？”慧娘端着茶盏，递给了刘知府。

“唉，难啊！这世道怕是要乱啊。贾相只知道一味迎逢皇上，结党营私，这国计民生之事却一推再推。这海塘年久失修，采石可是要不少钱，折子几次递上去，都是石沉大海。”绍兴知府刘良贵愁容满面。

“是啊，自从襄樊被围，朝廷有多少钱都投到战事上去了。哎，相公，您可别再操心了，胡子都要白了。也许今年没有什么江潮呢。”

“但愿吧！”

绍兴府下辖的萧山县[①]濒临钱塘江，出县治往东北走大约 20 里就是捍海塘，据说在晋朝以前就已经修建了。北宋景祐四年（1037），当年的“宁江侯”张夏也主持

① 萧山县历史上曾属绍兴府，1959 年后隶属于杭州市。

过大规模的修建，把部分柴塘改成了石塘。230 多年过去了，海塘修修补补，依然护卫着萧绍运河船来楫往。但是，每年秋汛时也是当地百姓最为紧张的时候，就怕遇上大潮汛。

可惜天不从人愿，南宋咸淳六年（1270）秋天，百姓们等来的依然是滔天潮水，钱塘江毫无顾忌地大发神威，大风大潮直往捍海塘猛撞过去。

知府衙门烛火通亮，各色人等进进出出，十分繁忙。

“大人，看今年的情况不太对劲啊。往年虽有大潮，但真没这么厉害。刚刚前去沿线察看的人回来禀报说，沿岸上下几个县都遭遇了大潮，有几个地方的堤岸快顶不住了，您看，特别是这里。”通判用手指了指地图上的新林（今衙前新林周境内）一带。

“看样子，是钱塘江要改道了，这回啊，它又杀回南边来了。赶紧组织人手，咱们去江边。”

“不好了，大人，堤塌了！”衙役急吼吼地冲了进来。

“什么地方？”

“新林！”

“真塌了呀！”

“这段塘外面对着出海口，正好是鳖子门①，是所谓蛟龙出海之地，一旦大的风潮起来，这里就是首当其冲。走！”刘知府带着众人直奔新林一带。

①鳖子门：历史上钱塘江曾经在龛山与赭山之间入海，称南大亹。江道宽约 6.2 千米，两山对峙如门，古称海门。龛山之旁有一小山，形如鳖，又置海门之中，故被称为鳖子门。

离江还有近 1 里，就感受到了强劲的江风，风裹着雨点直扑而来，打得人睁不开眼，一队队民夫背着土包在风雨中疾跑。走近江边，不见了原先高高垒起的堤岸，只见到一片汪洋……

几天后，潮水退去，刘知府带领全府上下属官能吏，召开了一次“神仙会”，商量怎么尽快把海塘修复。有说用竹笼石塘好，有说用柴塘好，有说用叠石塘好，众说纷纭。

“石塘肯定比土塘要牢固，只是，这么多石料哪里来？采买的话不仅时间长，关键是钱在哪里！”刘知府捋着长髯说，“怎样才能又省钱，又牢固，要想的是这种办法。”

“大人，那还是用土，修土塘的费用只有石塘的十分之一，咱们只要把基础打牢固了，再想办法把塘身固定，也能抵御潮水。”

刘知府经过再三思量，最终还是决定修筑土塘。

当然，这个土塘跟早前的土塘可不一样。刘知府组织了几个县的数千民夫运土伐木，先是命人采伐了几万棵松树，几乎把附近一片山上成材的松树都砍了下来。这时，原来的老堤塘在大风潮中基本被夷为平地，成了一片滩涂。刘知府命人在原先旧塘的滩涂上打下了数万根松木桩，作为外捍，成了阻挡潮水的第一道防线，又在退后 7 里的地方夯筑新的土塘。

万人一心，犹不可挡。不到 4 个月，一道高大的土塘就修筑完成了，整个塘身“高逾丈，其广六丈，其长千九十丈。横亘弥望，屹若天成”。

高而结实的土塘筑起来了，大伙都以为大功告成了。

“你们想得太简单了，还有最重要的一步没有完成呢。”刘知府笑呵呵地看着大家，“不然，这个土塘和早年的土塘，就没有什么区别了。”

刘知府随即命人在新筑好的堤上种植柳树，每隔3尺左右就种上一棵，目的是让柳树的根牢牢地扎进土里，使堤塘的土黏结在一起，抱成一团，增加堤塘的牢固度。1个月下来，前前后后种了杨柳有近万棵。

完工当天，刘知府带着一众僚吏来到堤岸上，慰问筑塘的塘工们。所有的属吏、塘工纷纷举着酒碗向刘知府祝贺，感谢刘大人为百姓们做了一件大好事。

刘知府斟了一碗酒向所有人敬了一圈：“不敢当，不敢当，这都是朝廷的恩德，是大家共同的努力啊！”

之后，刘知府又命人在堤岸旁修建一座小祠堂，取名“万柳堂”，还亲笔题写了祠堂的匾额。祠堂建成那天，刘知府亲自敬香祷告上苍，希望上苍能够眷顾，借着时间的流逝，让堤上的柳树盘根错节，固沙护塘，保佑一方平安。

后来，这件事被著名的理学家朱熹的三传弟子黄震知道了，便撰写了一篇《万柳塘记》，详细记载了万柳塘的修筑过程，万柳塘的故事也就流传了下来①。

从此，万柳塘不仅是一条阻挡潮水的堤岸，更成了一处独具特色的景观。暮春时分，柳色青青，白絮朦朦，映衬着堤外远处滚滚的江水，点点的白帆，一派疏朗闲适的景象。

①《万历萧山县志》载：治北十里曰北海塘，跨由化、由夏、里仁诸乡，横亘四十里……东至由夏乡为横塘，为万柳塘。……咸淳中，捍海塘为风潮所啮，尽圮于海。越帅刘良贵主议移入田内筑之，植柳于塘，冀其岁久根蟠塘固，名曰万柳塘。

“钱塘江头天欲旦，杨柳万株排两岸。绿荫一片未全分，黄鸟数声看不见。贤侯九年朝上京，江沙骏马悬蓝缨。黄童白叟拥相迎，青丝玉瓶为侯倾。长条短条千万结，带露摇烟忍勘折。须臾上马疾于飞，满路杨花白铺雪。”这首诗就是对当年万柳塘美景的描绘，尽管没有留下作者的姓名，但通过字里行间我们仿佛又看到了万柳塘。

这也是我国历史上海塘植柳护堤的最早记载，是南宋两浙海塘最具创造性的工事之一，在堤上也曾经留有“古万柳塘”的石碑。

鱼鳞石叠马牙桩

“大人，大人，找到了！”一个小厮捧着盒子兴冲冲跑了进来。

“这么慌张干什么。”正走到书房门口的朱成鳞敲着小厮的脑袋，“找到什么好东西了？”

“大公子，老爷吩咐要找的书，可不容易找了。”朱成鳞带着小厮一起走进了朱轼的书房，只见朱轼一身布衣，正在高高的一摞书中翻检着。

朱轼接过小厮手里的盒子，打开一看，惊喜道：“正是此书，不错，不错。等下老爷有赏。”

朱成鳞看见盒子里是一本《海盐县图经》，又看到桌上翻出来的《河渠志》、仇俊卿的《海塘录》，忍不住问道：“父亲，您这是？”。

朱轼呵呵笑着：“不日，为父就要启程去杭州任浙江巡抚，你可知，浙江什么事情最为重要？”

“哦，可是修筑海塘？”

“嗯，还算你有点计较。江浙两省乃是漕粮主要产区，当年世祖时，礼科给事中张惟赤就上过疏，提请要高度重视浙江海塘。他说，江苏、浙江二省，其中杭、嘉、湖、宁、绍、苏、松七郡都滨海，必须依靠海塘才能保平安，而在浙江，两山夹峙的地方，潮势尤其猛烈。”

“是的，所以历代海塘多有修筑。”

“即便如此，抵御潮患仍是浙江头等大事。圣祖三年（1664）的八月，海宁发生了严重潮灾，塘溃 2300 余丈；圣祖三十七年（1698），冲决海宁塘 1600 余丈，海盐塘 300 余丈；圣祖四十二年（1703），潮流倒灌，潮患严重。”

“三年前，海潮已经直逼北岸的塘根，尤其是春夏间，海宁县塘倒塌数千丈啊！唉，修不修，怎么修，这里面可是大有学问啊。”

“父亲，你莫非想寻找能真正抵御潮水、百年不倒海塘的修筑之法？”

“是啊，前人已多有研究，你看，这《海盐县图经》中就载有黄光升[①]所写《筑塘说》，明举的筑塘之术相当不错，只是，唉……”

清康熙五十六年（1717）二月，朱轼以通政使司任浙江巡抚。朱轼一到任便四处巡察，也顾不上自己已经 53 岁了，在海塘沿线登上爬下，仔仔细细察看着。他发现，因为海宁这一带沿江都是浮沙，元代和明代所修筑的海塘塘根不够牢固，容易发生崩塌。第二年的三月，朱轼向朝廷上了一份《请修海宁石塘开浚备塘河疏》，疏中说：“查沿塘俱属浮沙，潮水往来荡激日侵月削，塘脚空虚，

①黄光升（1506—1586）：字明举，号葵峰，晋江（今属福建）人。明嘉靖二十一年（1542）任浙江水利佥事。他吸收和改进了海盐知县谭秀、王玺所筑石塘的优点，又进一步扩大石塘的断面，加强塘基处理，在海盐首创了五纵五横桩基鱼鳞石塘构筑法。编著有《筑塘说》。为加强海塘管理，他将海盐的海塘按《千字文》字序进行编号，分段管理。这一措施在清代被广泛用于南北两岸的海塘管理。

虽有长桩巨石，终难一劳永逸。”朝廷同意了他修筑海塘的请求，只是怎么修，就要看他自己了。

朱轼分批召集了许多有实际筑塘经验的人员，仔细地研究了海宁临江地质的结构，反复比较了前人的“竹笼石塘”“木屯石柜”“柴塘”“叠石塘”等多种塘型，同时，还举行“辩论会”，来遴选筑塘的最好办法。

最后，朱轼决定采用“木柜法”修塘的方案。所谓“木柜法”，就是用松、杉等耐水木材，做成长 1 丈余、高 4 尺的木柜，柜子里面填塞满碎石。修筑的时候，先用木柜横贴塘基，以使海塘的基础更加坚固，然后再用大块石来砌筑堤身。

为了解决塘根的问题，朱轼更是创造性地修筑了“坦水”，即在堤身大约一半那么高处，迎水一面再修筑一道陡坡，里面还是用木柜贮满石头作为主干，外面再砌上两三层的巨石块，有平砌、竖砌、靠砌等多种形式，用来保护堤脚。在潮流特别强劲的地段，他还修筑了多层坦水保护塘身，分别称为头坦、二坦、三坦等。

除了修筑了临江的海塘外，朱轼还采用了当年浙西提督刘垕的办法修建备塘。在海塘内侧再挖一道内河，称为“备塘河”，河道与外海相通，一旦海塘决堤，或特大潮汛发生，咸潮侵入海塘的时候，备塘河就可以蓄存咸水，随后再排泄出海。同时，把备塘河中挖出来的泥土，在河的内侧堆积成一条土塘，称为“土备塘”，可以作为第二道防线以抵御咸潮，增强石塘的御潮功能。

这个海塘修筑工程的方案确定后，朱轼会同总督满保，将这一工程委派给了杭州知府张为政具体负责。工程历时近两年，至清康熙五十九（1720）年正月才竣工。

共修了 958 丈石塘，3000 余丈坦水，5100 余丈土塘，开浚备塘河达 7700 余丈，建闸 1 座，共花费工料银子约 15 万两。

海塘修筑完成后，众多受益百姓非常感念朝廷，更对朱大人感恩不已。民间更有传说，朱轼乃是天神所化，专门护佑江边百姓的。朱轼听说后，不以为然，“我哪里是什么天神啊，这些办法前人早已用过，我只是格物致知，比较用心罢了”。这一次修塘的成功，增添了朱轼对修建百年不倒的坚固海塘的信心。

于是，他又召集众人开始了新一轮的研究。在研究的基础上，提出了一个系统治理浙江沿岸海塘的方案：一是继续革新海塘技术，在潮水顶冲地带修筑新式海塘；二是疏浚海道，清理中小亹的淤沙，引导江流走中小亹，减少两岸的影响；三是在杭州、嘉兴、绍兴三府各设海防同知一员，专职管理海塘负责钱塘江海塘的岁修。

清康熙五十九年（1720）五月，一份《题请建筑海宁石塘开浚中小亹淤沙议》的奏折就送到了康熙皇帝的案头。康熙皇帝大为赞赏，这是第一次全面系统地对浙江海塘治理制定方案，当年七月，下旨令朱轼主持修建鱼鳞大石塘。

朱轼接到旨意后，就在北岸的老盐仓开始修建新式海塘。为什么选在老盐仓呢？经过考察，朱轼认为，老盐仓一带正是江海交汇的地方，地势最为危险，而相对来说地基条件又比较好。更重要的是这一段正是人口稠密、河港众多的繁华之地。他计划从浦儿兜起至姚家堰，共修筑 1340 丈海塘，用来保护杭、嘉、湖三府。

这次要修筑的新式石塘工程更是巨大，朱轼对黄光升“五纵五横鱼鳞塘”的结构进行了详细研究，在此基础上又做了很多改进，这种新型的鱼鳞石塘是真正的重型海塘：先筑塘基，用大松木均匀打下梅花桩，再打一道马牙桩，用三合土夯实，使基础更加稳固；塘身全部用条石砌筑，每块条石厚一尺、宽二尺、长约五尺，一层层垒砌而成，共有二十层，每层都要保证错缝；为确保塘身坚固，在每块大石料的上下左右凿成槽榫，使石料之间互相嵌合，彼此牵制，用生铁铸成铁锔扣榫，合缝处用糯米汁浇灌，整个海塘形成一个整体，在潮水的巨大冲击下也能稳如磐石；整个石塘高约 20 尺，顶宽 4 尺 5 寸，底宽 1 丈 2 尺；石塘后面又用三合土夯筑 2 丈宽 1 丈高的土塘，作为附土保护石塘。

因为条石层层叠压，纵横叠砌，迎水面每层又都有收分，形成了非常漂亮的抛物线。阳光照耀，江水映衬，宛如片片鱼鳞，煞是好看。

筑成后的石塘高大古朴，雄踞在钱塘江边，护卫着身后的富庶之地。只可惜，老盐仓海塘工程实施不久，朱轼便升任了光禄大夫、左都御史，并赴京任职。修筑工程由继任者屠沂主持。屠沂接手后，以成本造价高等多种原因为由，不再修筑鱼鳞石塘，老盐仓石塘实际只修筑了 500 丈。至于开挖中小亹引导江流、南岸的夏盖山海塘及其他工程，也因朱轼的离任而搁浅了。

朱轼鱼鳞塘的质量也是经得起考验的，清雍正二年（1724）七月，由于台风和大潮同时出现，酿成了一次特大潮灾。南北两岸绝大部分的海塘都遭到严重的破坏，唯有老盐仓 500 丈鱼鳞石塘安然无恙。这 500 丈鱼鳞石塘由此成为海塘工程的“样塘”，清政府不惜重金推广修筑鱼鳞石塘。

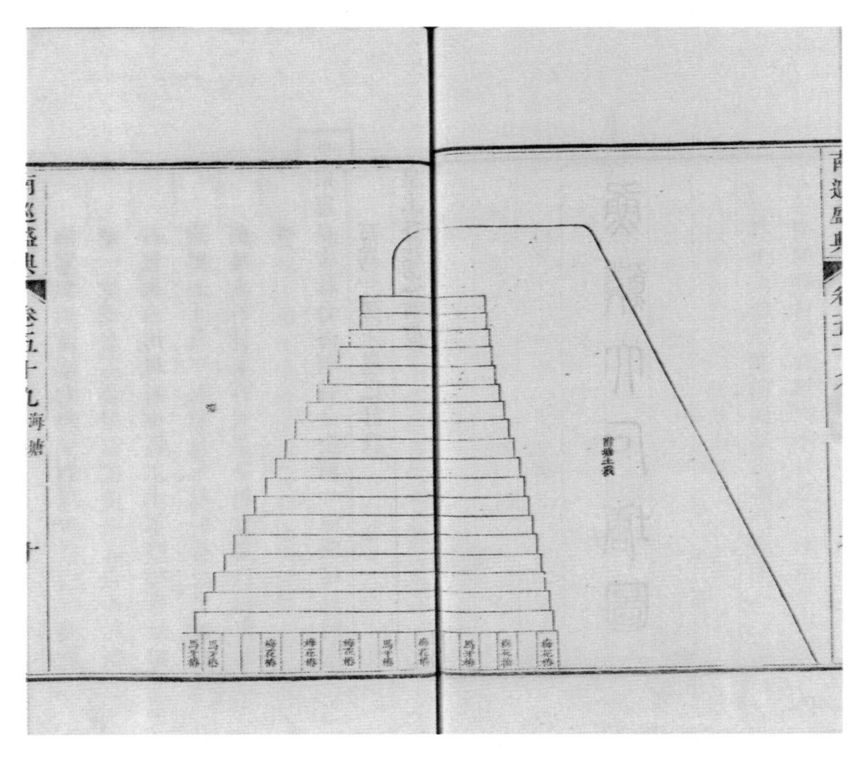

《南巡盛典》所载《鱼鳞大石塘图》

朱轼修筑新型鱼鳞石塘是清代大规模修筑鱼鳞大石塘的开端，同时也为杭州海塘修筑技艺的提升拉开了序幕。时至今日，朱轼修筑的鱼鳞大石塘历经三百多年，依然牢固地在一线抵御着钱塘江大潮，真正实现他修筑百年不倒海塘的愿望。

第二章

良臣：河清海晏三千年

黄竹依稀范蠡塘

远处，群山连绵起伏；岸边，芦苇随风摇曳；夕阳下，远处的小河流光溢彩，一切都像镀上了一层金色，散发着柔和而温暖的光泽。勾践看着眼前的景象，泪水情不自禁地夺眶而出。

东周敬王二十九年（前491），勾践夫妇在范蠡的陪同下渡过钱塘江，终于回到了越国[①]。

望着整整齐齐列队接应的群臣，耳边似乎响起了临行前文种的祝词："皇天祐助，前沉后扬。祸为德根，忧为福堂。威人者灭，服从者昌。王离牵致，其后无殃。君臣生离，感动上皇。众夫悲哀，莫不感伤。臣请薄脯，酒行二觞（读shāng）。……"

3年前，越国在夫椒山和吴兵激战，结果惨败，勾践带着5000残兵狼狈地逃到会稽山。眼看就要灭国，勾践在危难之中问计于臣，此时，范蠡、文种向越王建议，"当今之计，唯有求和，乞求吴国能保留越国"。当时越国上下一片骂声，指责范蠡是贫贱出生，毫无气节，蛊惑君王，祸国殃民。幸亏勾践对他的"越必兴、吴必败"的断言非常坚信，采纳了他提出的"屈身以事吴王，

①越国：公元前2032年到公元前222年，是中国夏、商、西周以及春秋战国时期中国东南方的诸侯国。主要以绍兴禹王陵为中心。留有吴越争霸和越王勾践"卧薪尝胆"的故事。

徐图转机”的计谋。勾践拜范蠡为大夫，让文种留在越国处理政事，带着范蠡到吴国当了人质。

这3年，勾践忍辱负重，对吴王夫差自称贱臣，毕恭毕敬，百依百顺。平时吃粗粮、穿布衣、睡马房，小心地伺候着夫差，甚至比吴王自己的仆人做得还要好，在夫差生病时，还亲自尝粪便来判断他的病情。范蠡看着这一切，有时也想，这样做真的值得吗？不过范蠡明白，像他这样的人，既没有辉煌的家世，也没有丰厚的家产，哪怕有再多的才学，没有机会展示，没有平台施展，那也是徒劳的啊。眼下虽然艰苦，只要好好经营，未来还是可期的。他发挥出身市井的特长，谦卑而有礼，竭力处理好同吴国上上下下的关系。他耐心地给勾践分析夫差的性格特点，时时鼓励他，一定要坚忍，上天一定会护佑的。

皇天不负有心人，勾践终于得到了夫差的信任，同意让他们回国。

“是啊，我们回来了！”范蠡看着眼前巍峨的固陵城，内心徜徉的更是澎湃的激情，终于迈出了成功的一步。这回，国内的士人们倒是赞声一片，纷纷称赞范蠡有大才。勾践也对他十分信任，先是封他为“上大夫”，不久又任命他为百官之首的“相国”之职。当时的越国，在文种的精心管理下，战乱的痕迹已经慢慢消除了，各行各业都在有序地恢复。

勾践为了报仇雪耻，更是励精图治，时时研究文种所献的“灭吴九术”。范蠡去拜见勾践，勾践就问范蠡：“九术中，何术为长？”

范蠡想了想，说：“九术都很重要，是环环相扣的，其中最为要紧的就是‘邦家富而备器’，只有自己国力强盛了，才不怕折腾，国家才富有战斗力。要想使国力强盛，必须鼓励庶民百姓多种田，多产粮！”

勾践觉得范蠡讲得很对，就亲自下地种田，鼓励大家好好生产。

范蠡带着管农田水利的官员走遍了越国的山山水水，发现土地最为肥沃、最适合种植水稻的是杭嘉湖平原，他就让当地官府发布了很多鼓励种粮的政策，既发放种子，又减免租税，就等着大丰收了。

可是，预料之外的情况出现了。有一年，当地官府报来一个消息，有一个地区居然颗粒无收。范蠡十分震惊，马上带人赶到了现场，经过实地了解，原来是受了潮灾的影响。杭嘉湖这片平原土地虽然肥沃，但大多是钱塘江泥沙涨淤而来，而钱塘江的潮水又十分凶悍，一旦有大潮水就会冲毁田地、毁坏庄稼。尤其糟糕的是，被江水淹过的田地会变成盐碱地，连续好多年都长不好庄稼，甚至颗粒无收。

“唉，杭嘉湖平原是重要的产粮区，只有确保其免受潮患，粮食才有保证，国家才能久远。”范蠡十分焦急。

经过实地反复勘察，范蠡召集大臣们仔细测算，打算修筑一条海塘，阻挡汹涌的潮水以保护农田。当时也有人反对：“修海塘工程太大，劳民伤财，真的犯不着！”

范蠡力排众议，下令筑塘。

这年冬天，范蠡号召组织了数千名民夫，开始修筑堤塘。从盘山开始，沿着钱塘江江岸修筑，长度大约有

20 里，整个大堤全部都用泥土夯成。到第二年春天，一条长长的大堤宛如卧龙矗立在钱塘江边，把潮水挡在了堤岸之外。范蠡还反复交待当地的官员，一定要管好这条堤塘，如有损坏要及时维修，这是关系到国家大业的重要之事，如有违令，严惩不贷。

从此，堤后的平原成了真正的粮仓。每年为越国提供大量的粮食，不仅百姓能吃饱，还囤积了许多军粮，国力也随之不断得到增强。

后来，范蠡又被勾践任命为将军中最高级别的“上将军”，集文武大权于一身。他兴建了两座城池，还在湘湖建立了军港，加强军队军事训练，提高官兵士气，增强越军的整体战斗力。为了进一步迷惑夫差，范蠡又投其所好，不仅派人送给他最喜好的东西，还向其进献美女，消磨夫差的意志。

经过 10 年的韬光养晦，越国国力达到了一个全新的水平。勾践趁吴国争霸国内空虚及天灾之际，大败了吴国。东周元王三年（前 473），吴都被围三年后城破，夫差自杀，吴国灭亡了。

范蠡却在这个时候，抛下了一人之下文武百官之上的高位，辞官不干，飘然而去。据说，勾践听说他要走的消息后，曾经表态把一半国土分给他。面对这样诱人的条件，范蠡还是把官辞了，开始四处经商，成为一位大商人，从此江湖上少了一位大将军，多了一位陶朱公。

范蠡传奇的一生，留下了许多感人的故事。他所修筑的抵御潮水的海塘“范蠡塘”，直至南宋时期，在《咸淳临安志》绘制的《盐官县境图》中，在临江的“捍海塘”以北还有“范蠡塘”的标示。

宋版《咸淳临安志·盐官县境图》中的“范蠡塘”

在今天的湘湖也有一条“范蠡塘”。当年的湘湖还是一片临江的沼泽地，有个湖泊叫西城湖，传说范蠡在了解当地农田水利建设的时候路过这里，休息时，不小心遗落下了马鞭，马鞭留在草地上，第二年就长成了漫山坡的黄竹。他在治理西城湖时，就在这里筑起一条3里长的堤塘，被称为“范蠡塘”。堤塘的内外都是水域，黛色的群山中，荡漾着一片浩渺的碧水，与婆娑的黄竹相映，形成了充满野趣的渔村画卷。但至宋初，西城湖湮废。直到北宋政和二年（1112），县令杨时重新复湖，取名“湘湖”。明代魏骥在描写湘湖八景之一的“横塘棹（读zhào）歌”中，就说到了“黄竹依稀范蠡塘”，虽然这个范蠡塘与范蠡所修的海塘相去甚远，但都记载了范蠡兴修水利、为民谋利的业绩。

赵与懽两修江塘

南宋绍定六年（1233），史弥远病重不治，宋理宗终于脱离了史弥远的挟持，开始了亲政。次年，改年号为端平。

宋理宗立志中兴，意气风发地进行了一系列的改革，他通过控制考中进士的人数和严格升迁的制度，来解决大量冗官的问题，官场的风气有所改变。少用人，用能人，成为理宗当时的用人之道。此时，担任过大理评事、籍田令、宗正丞等职务，并担任过安吉州知州的赵与懽（读 huān）入了理宗的眼。南宋端平三年（1236）九月，赵与懽晋升为宗正少卿兼户部侍郎，同时担任临安知府和浙西安抚使。把临安知府的位置交给他，也就是把皇城的安危交到了他手上。理宗之所以相信赵与懽，除了他为官清廉且很有才干外，还因为他有另外一个重要身份——和理宗同样是燕懿王德昭的八世孙，从血缘上算还是堂兄弟，即所谓自己人。

赵与懽也没有辜负理宗的信任，第一次任临安知府的时间虽然不长，但他处理事情很有决断，留下了明察秋毫的好官声。南宋嘉熙元年（1237），南宋发动的汴洛战争失败，蒙古军队趁机大举南侵，在江苏真州一带发生了激烈的战斗。理宗把赵与懽召来商讨应对边境战事的办法，赵与懽深思熟虑后，把自己的一些想法毫无保留地向理宗一一陈说，还对朝廷中官员的情况做了仔细的分析，挑出了40多位能干事的文官和武将，举荐给理宗，一点都不避嫌。他所提出的建议被理宗采纳后，在边境的战事中起到了很大作用。这样，理宗对他更加信任了。

南宋嘉熙三年（1239）八月，钱塘江突然改道，汹涌的江水像脱缰的野马，直接向临安府城冲了过来，刚好又碰到大潮汛，上游、下游几股大水流汇集在一起，势不可当。府城外的江塘根本无法抵挡，那些土塘都被冲垮，石塘也摇摇欲坠，泥沙、石块使得整个钱塘江污浊一片，沿江七八里长的堤岸全部崩溃，江水冲进府城，城内道路到处都是淤泥沙土。

理宗面对内忧外患，焦急不已，赶紧召来了赵与懽。

“皇兄啊，临安城告急啊！”理宗一脸愁容地说。

赵与懽一听称呼“皇兄”，就知道准没好事：“官家，今年这潮水是有点大，不过这江塘也确实要整修了。”

“皇兄，你是明白人！我任命你为临安知府，即日起马上把沿江的土塘全部改成石塘，要疾速施行！”

“官家，你已经任命我为户部侍郎了，还兼着兵部尚书，再知临安府，实在是不合适。”赵与懽连忙推辞。

“皇兄啊，我只相信你！偌大个朝廷，能有几个自己人，临安府只有交给你，我才能放心啊！”理宗用力拍了拍赵与懽的肩膀。

“这……好吧，我尽力。”

“皇兄，限期 3 个月哦！”

赵与懽看着这位比自己小十几岁的皇帝，暗暗叹了口气，“唉，不管怎么说，这百姓都是老赵家的子民，可不能不管呀”！

赵与懽接下了这根硬骨头，马上召集众人赶到现场，查看水情和堤塘的情况。经过实地调查后，他立即上奏朝廷，提出了两方面的建议：一是先解决眼前的水患危机。先在江边紧急修筑一条简易的土塘，暂时挡住江水，阻止江水倒灌城区，同时在土塘后修筑坚固的石塘，力争一劳永逸。二是解决修筑江塘的劳动力问题。动用军队的力量，从殿司步司等军兵中召集 5500 人，作为修塘的主力，加上临安府原有厢军修江司军兵 3000 多人，再从民间招募有经验的工匠 1000 余人，差不多就有近万人。

赵与懽指挥这支修塘“部队”，先在决口最厉害的近江巷口一带，修筑土坝挡住江水，大致从水陆寺到江家桥，南北向约 150 丈长。然后，又在团围头石塘，靠近江边修筑了一条捺水塘，有 600 丈长。从六和塔往东原本就有石塘，只是长久失修损坏很严重，直接加固整修即可。赵与懽采用了唐叔翰在定海发明的石塘砌筑方法来加固塘基，对于实在损坏厉害的区段就拆掉重筑，整整修筑了 400 多丈。

在赵与懽的日夜督促之下，近万人经过了 3 个月的奋战，终于如期完成了江塘的修筑工程。由于有了坚固的堤塘约束，钱塘江水也乖乖地回到了江道，无法再肆虐危害了。沿岸的百姓欢欣鼓舞，十分感激赵知府。

为了让钱塘江江潮能更驯服一些，赵与懽还决定修一修潮神庙，让潮神能更好地护佑百姓。他亲自组织人员，将吴山上祭祀潮神伍子胥的“忠清庙”和庙前的“星宿阁”进行了修葺。星宿阁完工后，他上奏朝廷请理宗皇帝为星宿阁题字，宋理宗欣然允诺，亲笔写了匾额“英卫”，并亲自撰文《英卫阁记》，星宿阁也改名为“英卫阁”。赵与懽也升任为吏部尚书。

短短一年，赵与懽劳心劳力，面对朝里朝外一大堆事务，觉得心力憔悴，再一想自己年纪也不小了，也该休息休息了，便向朝廷递交了申请“归田”养老的要求。宋理宗很舍不得，多次挽留，但赵与懽态度十分坚决，“臣只想含饴弄孙，再多活几年啊”。理宗也只好同意了他的要求。七月，赵与懽带着家人随从，往故乡明州而去。

刚走到明州城外，突然，一行人骑着快马向赵与懽飞奔而来：“赵大人，您等等！”一位使者一勒缰绳，滚下马鞍，向赵与懽倒头便拜。

赵与懽连忙扶起使者：“快起、快起，这是为何？”

“赵大人，皇上召您回去呢！这是皇上给您的手诏。”赵与懽一阵心惊，连忙打开诏书，上面是理宗亲笔所写的“忠正廉勤，无如卿者”八个大字。

原来，八月初，钱塘江的大潮又起。这回，六和塔一带江塘，因为去年刚重新修筑，显得十分安稳。潮水似乎也专挑软的捏，往东南方向去了，沿岸的堤坝全部冲毁，其中仁和县的太平、金浦、安西、安仁、东上五个乡受灾最为多，田毁屋塌，损失严重。理宗没有其他办法，决定召回刚回故乡养老的原知府赵与懽，来治理水患，并紧急派遣使者从路上来追赶，务必请他回京城

《南巡盛典》载《浙江秋涛》中可见观潮楼、海神庙

再任临安知府。

赵与懽知道了前因后果，看着理宗的手诏和风尘仆仆的使者，十分感动，当即奉诏回京。

他上任后立即上奏朝廷，请求朝廷免除太平、金浦、安西、安仁、东上这五个乡的禾苗税，同时组织大家开始自救，排积水、清淤泥，赶紧补种其他合适的作物，老百姓称赞不已。同时，赵与懽立即调集修江司厢军，招用募夫几千人，对损坏的堤塘进行修补。为了确保工程质量，他亲自到工地督工，钱塘江的江岸很快得到了修复，百姓的生活又恢复了安宁，临安城热闹喧嚣如故。

赵与懽任临安知府期间两修江塘，治理了水患，维护了杭州城的平安，得到了百姓的交口称赞。他所主持的修塘工程，也是南宋时期规模最大的。

富春江畔吴公堤

“扁舟夜入江潭泊，露白风高气萧索。富春渚上潮未还，天姥岑边月初落。”吴堂望着山岚迷蒙、水碧云低的富春江，宛如一幅缓缓展开的“富春山居图”，而此时此刻，面对眼前如此引人入胜的景色，他却深深地叹了一口气。

明宣德十年（1435），吴堂出任富阳县令，他十分喜爱这个山清水秀的县城，尤其对这一江春水更是喜不自胜。自小在乐安江①边长大的他，可怎么也想不到貌似平静的富春江，江潮也会成患。到任后，他便四处察访民情，几天下来，听到百姓诉说最多的竟然是“潮灾”。

原来，富阳县背倚山岭，面临江流，上游的众多河流都汇集到这里，江水往下直通到钱塘江。钱塘江潮水涨落往来，每每大潮时分，狂风撼动着江涛，奔腾汹涌的江水直冲富春江岸。尤其是从观山开始，到苋浦桥，从东到西江岸300多丈，正好位于县城的南部，一旦潮水袭来，便直奔城区，此处向来被称为极险之地。明永乐十八年（1420）的大潮灾就曾波及富阳县，淹没了不少田地，县城也受损严重。

①乐安江：又称乐安河、大溪水，是江西省的一条河流，在鄱阳县姚公渡与昌江汇合后称鄱江（即饶河），流经乐平市。吴堂，字允升，饶州乐平（今江西乐平）人。

“难道就没有想过治理的办法？”吴堂问县衙的属官们。

“要抵御洪水的话，就只有建筑堤坝，而且堤坝必须非常坚固才行，大潮的破坏力可是非常巨大啊。”一位张姓属官拿出一张舆图，手指舆图说，“太爷，这一带后面就是山，与江岸不过只有数里，没有地方可以退，只有靠堤塘的阻挡啊。”

吴堂仔细查看舆图，问道：“那么以前修过吗？现在情况怎么样？”

“修过，当然修过。咱们这县城可是有近千年的历史了，唐朝万岁登封元年（696），县令李浚之，李太爷就曾修过堤坝，多亏了这条堤坝才保住咱们县城，只是数百年过去了，铁门槛也要磨平喽。”

第二天，吴堂就带着一干人等去查看堤坝，堤坝就在离老县衙旧城百步左右，在岁月的侵蚀下，已经残破不堪，有不少地方甚至已经被踏平，难觅踪迹了。

“太爷，您看，前几年江岸离这里还有十来尺，现在已经与这个小山丘齐平了，百姓们非常担忧。但凡新建屋子的都往山上建，就怕潮水冲过来，但住在山上实在是不方便啊。这些年，战乱、水灾、饥荒，唉。”

“大家放心，既然我来当这县令，必将尽好我的职责，无论如何要把堤坝修起来，让大家过上安心日子！”吴堂一脸坚定，他要把修筑富春江的江堤，作为这一任上的重要工作。

回到衙门后，吴堂立刻撰写文书呈报朝廷，请求修筑堤塘，他的要求很快就得到了朝廷的同意批复。吴堂召集了县城内的能工巧匠，开始实地丈量、测算土方、估算费用、制定方案。百姓们听说要修堤塘了，个个高兴得眉开眼笑。

没想到，修堤的事刚有眉目，当年就出现了虫灾，减收了好几成。吴堂让衙役出了一个告示，就说因为秋收年成不好，为了不影响大家的生活，堤塘的修筑工程先暂缓，但请大家放心，准备工作不会停，堤塘是一定要修的。

吴堂组织属官们防治虫害，鼓励大家精耕细作提高产量。在百姓们的共同努力下，到了明正统四年（1439），全县大丰收，收获的粮食堆成了垛。

“今年是个好年头，终于可以一偿夙愿了。”吴堂望着金灿灿的稻谷，开始在心里筹划着，得赶紧把工匠们召集起来。

“太爷，太爷，不好了，堤塘又修不成了。”属官垂头丧气地走了进来。

“怎么了？”

“杭州府要修筑钱塘江堤坝，给各县派了开凿和运送石料的任务，每个县要调集千人以上去服劳役。”属官把公文递给了吴堂。

吴堂仔细看完公文，低头思索了片刻，说道：“赶紧备船，我这就去找知府大人”。

全县百姓的心里七上八下，修堤塘可是关系到整个富阳县百姓的大事，没有坚固的堤塘，无法让人安心啊！万一再来大潮，多年的心血可又白费了。

第二天一早，属官终于等来了吴堂，看着吴县令喜气洋洋的脸色，大家终于放心了。吴县令反复请求，又说明了富阳县需要修筑堤坝的紧迫性，知府觉得富阳县位于钱塘江上游，修筑堤坝同杭州府修筑钱塘江堤坝可以算同一个工程，就免去了富春县的劳役，让他们集中力量修筑富阳段的堤坝。

消息一传开，百姓们兴奋不已，到处是欢腾与喜悦。根本用不着官府动员，都主动去县衙报名了。

这一年的十月初八，工程开工了。吴堂率领当地父老，沿着江走遍了各个地方，先是把工程分成几个段，再按段分配好人力和物力，同时每一段派一个有声望的人负责。民夫工匠雷厉风行，自备各式工具向江边聚集，数十日后，那些筑塘的木桩和石头，堆得就像小山丘一样。吴堂又亲自去府里请来一位老师傅，向大家传授最新的筑塘方法："先筑塘基，打上木桩，确定好修筑的位置，分成三级，上面再堆叠上石块，这样修筑的堤塘就非常牢固了。"

在吴堂的亲自指挥下，各个工段推进都非常顺利，大家也配合默契，只用了短短两个月时间，工程就宣告完成了，而且所花的钱比预想的还要节省。

工程竣工的那一天，全县的老百姓几乎都出来了。县里的父老代表兴奋地对大家说："这里过去是百尺狂澜，江水冲击的要冲，大家每天生活在提心吊胆中，现在终于实现了安居乐业的心愿。这是靠着谁的力量呢？靠着我们吴公的力量啊！"

吴堂赶紧向百姓们行了礼："靠的是大家伙的共同努力，我只是做了应该做的事情啊！"

"吴公太客气了，要没有您的不懈努力，这个江堤什么时候才会有踪影啊！我提议，把这段江堤就命名为'吴公堤'，好不好？"一位乡老向百姓们征询着意见。

"好！好！吴公堤！吴公堤！"大家看着眼前结实紧固的堤塘，群情激昂。

从此，富春江畔"吴公堤"，便与这一江春水共同护佑着富春县城。

此后，父老们还邀请了从荆州府学退休回富阳的教授陈观，对这件事情做了专门的记录。

范公后人初成堰

清康熙七年（1668）二月，早春时节，寒意料峭，范承谟一行带着皇上的旨意，不动声色地来到了杭州。范承谟，汉军镶黄旗人，是大学士范文程的次子。他的父亲跟随过清太祖、清太宗、清世祖、清圣祖四代帝王，是清初一代重臣，更被视为文臣之首。或许是因父亲权高位重，过于出名，他一向不太多话，且显得有些执拗，父亲过世已近两年，他更是比以往沉默少言了。

坐船出行对他来说可不太习惯，虽然官船体量大，艄公也算摇得平稳，但船只随着哗哗水波左摇右晃，他心里总感觉阵阵烦躁与不安。

清晨，运河沿岸显得格外冷清，河埠头偶有妇人在洗菜、晾衣，远处农田落着一层薄薄的白霜，只见几只小鸟俯首盘旋，时而落地叽喳着觅食。

“大人，现在刚过完年，春耕还没有开始，是还有些冷清啊。”随行的幕僚小声地说。

“是啊，田都还荒着呢，当年的杭州是何等繁华，唉！”范承谟又皱起了眉头。年前，浙闽总督赵廷臣上疏朝廷，说浙江一带大量抛荒，百姓苦不堪言，请求免除赋税，朝廷派他到浙江任巡抚，首要的就是要查清实情。“唉，真是‘兴，百姓苦，亡，百姓苦’啊。”

范承谟深深地叹了一口气。

“靠岸，我们上去走走。”范承谟看到前面有一个小小的村落，十几间草房，屋前种着一排排桑树，只见一位老妇人挎着竹篓，吆喝着正在给鸡喂食。

“老人家，安好啊。”范承谟主动打着招呼，态度和蔼亲切。老妇人看着几位穿着细布衣服、打扮光洁整齐、颇有不凡气势的来客，漠然地看了两眼，随口应着：“好，好。”

“我们是路过的，到您这歇歇脚，家里还有其他人吗？”

“哦！几位大人，不好意思，家里没热水，也就不给几位大人倒水喝了，你们可随意，我孙子在里头看书呢。”老人继续给鸡喂着食，连头也没抬。

“哎呀，还是读书人家，失敬，失敬。老人家，这一片地是你们家的，怎么都荒了呀？”

“没人种，可不就荒了！再说有人也种不了，你看看这个河堤，再看看那边，那是钱塘江，水淹的地，种了也是白忙乎！”老妇人朝范承谟白了一眼，“我得去织布了，要吃饭，要纳税，就不陪各位大人了！”接着拍了拍身上补丁叠补丁的衣服，转身进了草房。范承谟一行人面面相觑，杭州城郊尚且如此，看来浙江其他地方也好不到哪里去啊。

范承谟到任后，从杭州出发，前往绍兴、湖州、宁波、金华等地查看。经过认真的实地求证，范承谟上疏给朝廷，请求免除荒田及水冲田地的赋税，计 315500 多亩。

第二年，沿海风潮大起，漫过堤岸，淹没了大量的田地。大潮又导致了洪水内灌，再加上河道淤积，堤坝破损，形成了大面积的水灾，范围涉及杭州府、嘉兴府、湖州府和绍兴府。原来的良田都变成了水洼，大面积的粮食收不上来，粮价因此狂涨，出现了严重的饥荒。范承谟便果断地拿出布政使库银 8 万两，到湖广一带购买米粮，浙江粮价终于降了下来，拯救了无数灾民。他又向朝廷上疏，要求漕米改折银两，等明年麦熟后再进行补征，对重灾区更是免除征粮这一项。

对于那些想乘机发国难财的不法奸商和地方豪猾，范承谟毫不手软，严格依律处罚。而他自己始终穿着布衣，吃用也非常简单。一时之间，整个社会风气为之一变。

“大人，您这么辛苦，为什么呀！”随行的幕僚看着一脸憔悴的范承谟心疼了。

“为什么？想我先祖范文正公，先天下之忧而忧，后天下之乐而乐，为士人表率，万世敬仰，而我等……想我范家虽立下大功，然而，唉……”

“大人，您乃范文正公十八代孙，是进入内三院第一批获得进士出身的汉军旗人，实实在在是朝廷重臣，也不算辱没祖先。”幕僚劝慰着。

“嗯，总是要做些实事的。对了，昔年文正公赴任盐城南境东台西溪盐仓监官，那盐城与海不过里许，唐代所筑常丰堰[①]已无法抵御海潮侵袭，来袭的海潮常常倒

① 为保护淮南一带的屯区免受海潮侵袭，根据淮南西道黜陟使李承的建议，于唐代宗大历年间（766—779），在今天的盐城至海安一线筑海堤140余里，取名“常丰堰”，到宋朝初年，因年久失修，大都颓废无存。北宋仁宗天圣五年（1027）在范仲淹和江淮发运使张纶等人的努力下，在常丰堰西重筑捍海堰，堰长 25690 余丈。后人称为“范公堤”。

灌农田，毁坏盐灶，致使当地百姓民不聊生，文正公组织了通、泰、楚、海等州的 4 万多民工苦干了 4 年多，终于筑起盐城庙湾至南通吕四港的捍海大堤。”

“确实了不起啊！”范承谟感叹着。

“据说，筑成的大堤长近 200 里，高 1.5 丈，底宽 3 丈，顶宽 0.99 丈。筑堤取土时顺便疏浚了复堆河，贯通成了串场河。大堤修竣月余后，3000 余逃荒百姓重返家园，1600 余户盐民又复工了，后人称之为‘范公堤’。当年，文正公方 32 岁，而我已 46 了啊。”范承谟一脸的向往，眼前似乎出现了长堤蜿蜒，堤东屯田脊卤、煮海为盐，堤西稻菽（读 shū）飘香、桑麻盈野的繁荣景象。

范承谟决定修筑海塘，以彻底解决浙江的水患。他向朝廷上奏后，清康熙九年（1670），朝廷命浙江总督刘兆麒、巡抚范承谟主持疏通和修筑运河、塘堤。范承谟广泛地征集民意，讨论海塘在哪里修？该怎么修？“西泠十子”柴绍炳写了一份《与巡抚范承谟论修塘书》，提出了修塘要从“集赀”“聚财”和“任人”多方面来考虑。范承谟采纳他的部分意见，觉得朝廷公帑（读 tǎng）不敷，而民力已竭，打算将杭州城的海塘先修起来。经过多次实地考察后，选定了钱塘江要冲之地，从三郎庙往东北方向沿江，经观音堂、乌龙庙、景芳亭往盐官方向修筑。为了节约成本支出，最终还是选定了以土塘为主，在部分险要区段垒砌石塘的修筑办法。

海塘修筑完成后，整个塘线南移了不少，海塘之内成了沃土良田、人烟稠密、农桑兴旺之地，许多小集镇慢慢地形成。范承谟所修建的海塘后来被大家亲切地称为“范公塘”，对杭州的御潮起了非常重要的作用，以后各朝也多有增筑。清乾隆四十九年（1784），朝廷拨

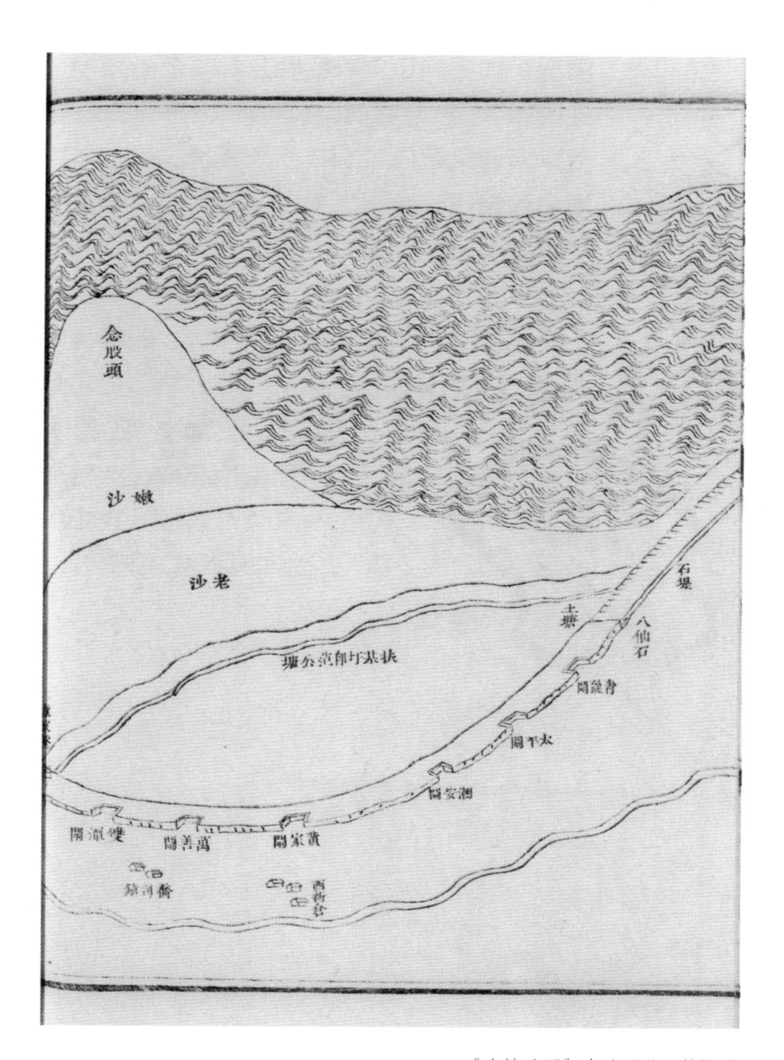

《海塘总图》中的“范公塘”段

出500万两库银，“谕令自新建石塘尾起，越范公塘一带，直抵乌龙庙止”，到清乾隆五十二年（1787），范公塘土塘全部改建为鱼鳞大石塘。

范承谟因筑塘积劳成疾，第二年便向朝廷请求辞官回乡。杭州百姓听说范巡抚要离开杭州，真心舍不得，纷纷前往各大衙门请求，希望范大人不要走。浙闽总督刘兆麒、浙江提督塞白理见此情景，就上疏给朝廷说明情况，御史们也上表给朝廷：“范承谟担任巡抚三年，爱民如子，查办贪墨，革除弊政，深受百姓拥护和爱戴。”范承谟便又留任了一年浙江巡抚，这一年中他又上疏请求免除温州、台州二卫以及石门、平阳没有交足的赋税和月粮。

范承谟担任浙江巡抚仅四年，时间虽然不长，但在浙江为民主事可歌可颂，“范公塘”更是他忧国忧民、为国为民伟大情怀的真实写照。清乾隆四十九年（1784），乾隆皇帝欣然写下：“江南范公堤，久传仲淹义。浙省范公塘，乃自承谟置。一家两大工，先后勤民事。……”“范公堤”和“范公塘”的故事从此代代相传。

浦阳江上姚公堤

清康熙二十年（1681），六月的江南，雨是最寻常不过了，淅淅沥沥一下就是十几天，黑云压城，还是没有停歇的样子，一切都被串串雨帘遮掩着。人们的心情也因为雨天而烦躁起来。

浦阳江的水，也是肉眼可见地噌噌往上涨，眼看着水面离堤岸越来越近。里正[1]洪长升身披蓑衣，带着村里几个年轻人在堤塘巡视，他们走走停停，仔细查看着每一段堤塘的情况。突然，他们发现靠近村道附近的堤岸，有几处正在咕嘟咕嘟地冒着水泡。“不好了，有管涌，得赶紧组织人堵上。”有人不由自主地喊了出来。洪长升似乎忘记了自己的年龄，赶紧往村里快速跑去。

没过多久，村里面响起了一片敲锣声，一大群村民拿着各种工具直奔堤岸而来。这时堤岸的溃损已经从开始的几个小孔变成了大洞，坍塌了一大片。村民们在洪长升的指挥下，挑土装袋、抛石堵洞、挡水截流，在滂沱的大雨中奋战了一整夜，终于堵住了决口。但是，沿岸的一大片棉田还是没有保住。

“唉，今年的桃花汛怎么会这么厉害呀！”村民们心

①里正：春秋时期开始使用的一种基层官职，为一里之长，明代改称里长，清代又改称里正，主要负责所管居民的户口和赋税。

有余悸地望着浦阳江。“这几天可不能掉以轻心啊，咱们还得继续组织人巡逻检查，随时准备抢修堤坝！”洪长升抹着脸上的雨水，跟大伙交代着。

雨终于停了，洪水也慢慢地退去了，岸边的芦苇也从水中露了出来，久违的太阳笑盈盈地看着大家，一切都变得平静些了。只是地里倒伏的棉花，还在昭示着江潮的威力。还算好，堤坝终于守住了，家园也暂时安全了。

“好了，除了大李、王三留下，其他人赶紧回去睡觉。等水退了，还有一大堆活儿要干呢！”洪长升一脸倦容地赶着大家。

“洪爷，您也去歇会儿吧，我们在呢。”大家劝着里正赶紧回去休息。

洪长升看了看此刻平静的江面，却依然忧心忡忡。虽然这次安全地守住了堤塘，但这堤塘跟他一样都已经上了年纪，肯定再经不起折腾了。他的爷爷也曾是里正，跟他说过，这一条西江塘还是唐代的时候修筑的，有了这条塘才有了两岸的炊烟袅袅、稻花吐香。尤其是临浦这一带，正是浦阳江与钱塘江交汇的地方，水量大、流速快，日夜遭受洪潮冲击，毁堤也是常有的事，维修加固堤塘也成为当地官府和百姓重要的事情。在明朝万历年间，当年萧山的知县老爷刘会，采用块石等材料，进行了重新修建，并在堤塘下面开凿了四尺宽的涵洞，让浦阳江的水从碛堰流入钱塘江，疏通了水道，减轻了堤塘的压力。

“唉，这些年连年战乱，也顾不上修塘了。”记得最近一次大修还是七年前的事了，由乡里村民周生泰和张逢翼督修的，总共修了 130 丈余。六七年过去了，这塘还能不塌吗？洪长升越想越不是滋味，虽说现如今暂时安宁了，但是百姓们要在灾后恢复元气，可真不是那么容易的事。他决定回村里跟几家大户做些商量，看看能不能再筹集一些钱，好歹要把这个石塘再修一修，估计今年秋天又会是一个大潮头。

在祠堂里，他把各位乡亲父老紧急聚拢起来，一起商议堤塘修筑事宜。堤塘就是沿岸百姓的生命线，特别是这个麻溪坝，简直就是守护神，大家都觉得必须要抓紧维修。但是，怎么修？虽说用土筑塘扛不了多久，但要是整修成大石塘的话，花费实在是太多了。

正在大家迟疑不决的时候，有位村民一拍脑袋站了起来："咱们不是还有一位在外面做大官的乡党吗？"

"当大官的乡党？"大家面面相觑，有点想不起来。洪长升突然灵光一现："我想起来了，忧庵，姚大人！"

"对对对，是叫姚启圣，姚大人现在已经是福建总督了。"

"那可是个大官啊，姚大人还会记得我们吗？"

"肯定会！姚大人可是大好人呢。你们还记得吗？当年姚大人可是在我们这里救过人的呀。"大家七嘴八舌地议论开了。

"是啊，你们年轻人可能不知道，20 多年前，姚大人路过我们这里，有两个兵痞子欺辱两个小姑娘，边上的人见是当兵的都敢怒不敢言，只有姚大人不顾危险，与两个兵痞子打了起来，救下了两个姑娘。姚大人可真是英勇啊，一个人跟两个当兵的打，最后还把他们全干翻了。唉！结果也害得姚大人不得不四处逃匿。”洪长升一脸的怀念。

“对，姚大人那么讲义气的一个人，要是听说家乡人有难，一定会帮我们的。”

这边家乡人筹划着给姚启圣写信，那边姚启圣正在福建沿海忙着准备收复台湾呢。

清康熙十九年（1680）二月，福建水师提督万正色率舰队攻克海坛，姚启圣督师收复海澄，并乘胜渡海，收复了金门、厦门二岛。第二年的五月，姚启圣探知郑经生病去世，台湾发生争权内讧，便上疏给朝廷，建议一举收复台湾。八月，康熙派了施琅任福建水师提督，负责对台作战。施琅曾经得到姚启圣多次的推荐，但其到任以后，却与姚启圣在战略上发生分歧，彼此互不相让。

这个时候，姚启圣接到了家乡的信函，得知家乡临浦一带的堤塘急需修复，他非常重视，把送信的人叫过来反复询问后写了回信，并让人带去了万两银票。“不要怕潮水大，只要把堤塘修牢固了，再大的风浪都不怕！”姚启圣还给浙江督抚写了信，把这件事情拜托给他，并建议他停止三个县的海塘捐款，已经收进来的全部还给老百姓，钱全部由姚启圣个人来承担。姚启圣又让他在老家的弟弟姚起凤亲自督筑海塘。①

家乡的人收到了姚启圣捐助的银两，开始大规模地修筑三江闸和西江塘。康熙二十一年（1682），施琅率水军全力进攻澎湖，姚启圣在后方负责筹措粮草军饷。兵马未动，粮草先行，一场决战不仅是前线的对抗，更是后方军备的较量。姚启圣的后勤保障做得非常出色，他殚精竭力，多方筹措粮草和经费，对于有功的将士予

①《乾隆绍兴府志》《康熙会稽县志》《闸务全书》等方志另载：姚启圣曾为绍兴修复学宫、整修西江塘和麻溪坝出资出力，其中，仅独资大修三江闸就捐银6000余两。《民国萧山县志稿》卷三《水利门》载：“延袤数十里，为费万余金。邑人立碑临浦塘，大书深刻曰‘姚公堤’。”

以犒赏，极大地激励了全军将士的士气。在如此繁忙的军务中，他仍然不忘记家乡的堤塘，经常捎信回去询问钱是否够用，还专门就麻溪坝的修建提出意见。根据江道和水流的情况，他提出建议："将麻溪坝的涵洞分建成3个，每个大6尺，这样，可确保涵洞牢固的同时，更好地提升总体流量，又能起到分洪的作用。"

清康熙二十二年（1683），由福建总督姚启圣捐资重修的西江塘建成了，从此，基本杜绝了西江塘这一带的水患。乡亲们在临浦[1]的堤塘上树了一块大大的石碑，上面醒目地写着"姚公堤"。第二年，姚启圣因病去世了，归葬于故乡绍兴，他在绍兴的故居至今保护尚好，被称为"姚家台门"。

①临浦：位于萧山的南部，东连绍兴，西靠诸暨。历史上隶属于绍兴府（绍兴路），1959年起隶属于杭州市萧山区。

沧海桑田隔一堤

杭州吴山城隍阁南元宝心路 60 号，有一座六架前檐廊式清代建筑风格的三合院落，坐西朝东、白墙黛瓦、敞亮通透，长长的石阶直达门前，颇具气势。这就是清代光绪初年，为纪念阮元修建的阮公祠。

阮元曾经在杭州担任过浙江学政，又在清嘉庆四年（1799）、嘉庆十三年（1808）两度担任浙江巡抚，为杭州办了许多好事和实事。嘉庆二年（1797），阮元任浙江学政时，在西湖边清行宫的东面、杭州孤山南麓构筑了50间房舍，举办了全国最牛的高等学府之一——“诂经精舍”，还组织编纂了《经籍纂诂》一书。在担任巡抚期间，浙江沿海海盗猖獗，阮元率领水师采用“造船炮”“练陆师”“杜接济”的策略和“海战分兵隔贼船”的战术，彻底剿灭了海盗，结束了影响闽浙沿海十多年的盗乱。他又在嘉庆九年（1804）、嘉庆十三年两度疏浚西湖，用浚湖淤泥在湖中堆成了岛，后人为纪念他的疏浚之功，将其称为“阮公墩”。

阮元在任浙江巡抚期间，同样为浙江海塘的修筑倾注了大量的心血。

嘉庆年间的杭州，一面是经济萧条，因水患海盗影响，经济千疮百孔；一面是吏治不清，因官吏贪腐成风，府库亏损严重。阮元上任后，立即着手清查府库，发现省属库竟然亏空白银460多万两。浙江沿海原本该是保境安民的海塘，居然成了官吏们蚕食的肥肉，各种贪腐手段层出不穷。

不久，阮元带着随从沿着钱塘江两岸查看海塘，发现刚刚修建完成的工程，就已经出现大量的破损，有几处甚至出现了坍塌，塘面上有许多条石倒落下来，里面大小不一的碎石裸露在外，塘体根本不符合鱼鳞塘的修筑标准和要求。

于是，他传来为数不少的经办人员了解情况，却大多是支支吾吾，一问三不知，只说是上面吩咐这么做的。阮元越看心越惊。

回到衙署后，阮元招来幕宾顾廷纶询问，顾廷纶沉默了一会儿说："大人，这个海塘工程因为款项巨大，每每有工程时，抚帅都会让各州县帮办，每个地方分一块，至于怎么修各州县自己说了算。"

"那么有专人负责质量监督吗？修筑的方案事先报告过吗？"阮元仔细地询问。

"海塘工程太专业了，方案即使报上来也没几个人看得明白，要用多少条石，抛石抛多少，土方用多少，工程量计算余地大，还不是由他们说了算。至于后期验收，有是有的，但审核力度、验收效果如何，就不得而知了。"顾廷纶把自己了解的情况都告诉了阮元。

"不是不得而知，而是可想而知！"阮元十分愤怒，正是“由各州县帮办”这个陋规给州县贪官们提供了一个大便宜，这样的陋规必须得改！

阮元深知海塘花费巨大，他在《八月望后至海宁州登海塘观潮》的诗中写道：“全用金钱叠作塘，不使苍生沐咸卤。”此后，他重新对海塘工程进行了规划，对工程从申报、制定、建设、审核等方面都做了详细的规范，尤其是对具体的管理人员和审核人员提出了严格要求。他在全省范围内选定一批精通水利工程的技术人员来把关工程质量，又通过层层推荐，让地方上有声望的公正人士来主持工程。这样一来，就堵死了州县和塘官从中贪污渔利的渠道。

阮元对海塘的修筑可谓十分用心，常常深入工程一线实地检查，在任期间，他几乎踏遍了浙江境内的全部海塘。嘉庆八年（1803），阮元40岁，是大清朝最年轻的督抚。为了防止那些贪官污吏向他行贿，他常常找各种借口回避应酬，尤其是逢年过节。40岁也算是大寿，为了避开亲友属吏前来祝寿，生日这天，阮元干脆带着随从离开浙江巡抚衙门，去海塘工地视察了。为此，他还专门写了一首《癸亥正月二十日四十生日避客往海塘用白香山四十岁白发诗韵》表达了自己的志向：“春风四十度，与我年相期。驻心一回想，意绪纷如丝。慈母久远养，长怀雏燕悲。严君七旬健，以年喜可知。人生四十岁，前后关壮衰。我发虽未白，寝食非往时。生日同白公，恐比白公羸。百事役我心，所劳非四肢。学荒政亦拙，时时惧支离。宦较白公早，乐天较公迟。我复不能禅，尘俗日追随。何以却老病，与公商所治。”阮元与白居易的生日是同一天，他希望自己也像杭州的这位老市长一样，为杭州留下实实在在的民生工事。

这一年的八月，阮元奉旨入承德避暑山庄觐见皇帝，

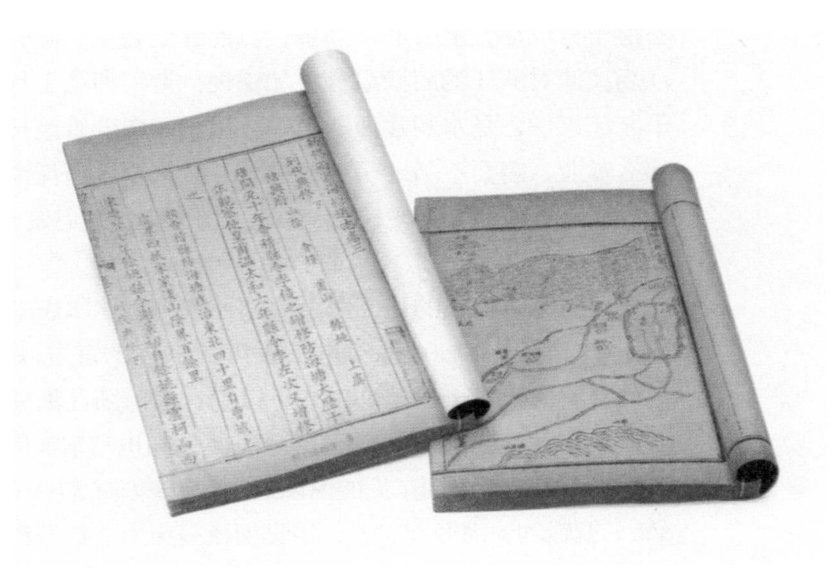

《两浙海塘通志》

海塘擥要序

治海之有成書也自翟均廉海塘錄始其書二十六卷凡浙海形勢由漢唐迄乾隆二十九年一一臚載最稱詳贍嗣桐城方宮保輯通志長白琅中丞作新志可謂集大成矣合州振齋楊司馬官東防以新舊志簡帙浩繁別編海塘擥要十二卷書成問序於余憶余自嘉慶十三年署杭嘉湖兵備道兼海防事嘗至尖山見江海門戸有三龕赭兩山間曰南大亹禪機河莊兩山間曰中小亹河莊之北寧邑海塘之南曰北大亹自潮不由中亹出入南大亹復淤水勢不能不趨於北水趨北岸既無連崗峻嶺不能不藉一線塘堤為之保障故浙杭之潮寧為鉅築塘之工亦寧為至險塘治而寧邑安塘圮而寧邑病卽嘉湖以及蘇松常各郡均受其害然則有海防之責者宜講求治法求治法而不綜覽古今形勢與治海塘之所以得失如燭照數計而欲秩然就理其道無由我

朝重熙累洽綏靖鯨波

海塘擥要　序　一

《海塘揽要·序》书影

嘉庆皇帝仔细地询问了浙江海塘、洋面等情况，阮元回答得十分详尽，皇帝非常满意，对他称赞有加。回到浙江后，他对浙江的海塘事务更加重视，觉得海塘工程对于浙江来说，是水利建设的重中之重。海塘的修筑技术那么专业，需要不断地研究和继承，必须要把浙江海塘工程修筑的经验都记录下来，为后人留下宝贵的借鉴。

当时，最权威的是《两浙海塘通志》，这本志书是清乾隆十五年（1750）编印的，是由皇帝认可的官方志书，记载了清代乾隆十四年（1749）以前，修筑浙江海塘的要事。阮元倾心研读《两浙海塘通志》，却也常常叹惜，就是读不到乾隆十四年后的海塘纪实。他参与了琅玕（读 gān）编辑的《海塘新志》，也觉得还有更大的提升和完善空间。

嘉庆六年至七年（1801—1802）间，阮元嘱托自己的门生陈寿祺，组织编撰《海塘全志》。他亲自参与编修，查阅资料、实地走访、收集素材，有时为了搞清楚一次工程的具体时间和数字，他不仅会找当事人核实，甚至去实地测量，务必要求所记载的每一件事情都真实无误。《全志》编了 30 卷，因为多种原因没能出版。后来，他知道东防同知杨𬭎对海塘有研究，也想编辑志书，就毫不犹豫把 30 卷倾注了大量心血的书稿交给杨𬭎，最后编辑成为《海塘揽要》12 卷。阮元为《海塘揽要》写了序，并亲自抄录了卷首宸翰部分。《海塘揽要》是众多同类著作中一部提纲挈领、颇具特色的荟萃之作。

阮元是浙江巡抚，却也成了海塘专家，海塘怎么修、适合修什么样的塘型，心里都很有计较。嘉庆十三年（1808），他主持将萧山沿岸的土塘改为柴塘，在他管理下的海塘兵丁，也十分用心地维护着海塘。

之后，阮元在主持疏浚西湖工程的时候，将西湖里的淤泥堆筑成堤岸时，还将海塘上种柳树固沙土的经验，推广应用到了西湖堤岸上，欣然写下了《命海塘兵剪柳三千余枝遍插西湖并令海防道以后每年添插千枝永为公案》：“十里西湖波渺渺，柳不藏莺半枯槁。旧树婆娑新树稀，折柳人多种柳少。海塘一百七十里，万树绿杨夹驰道。谁是年年种树人，骑兵已共垂杨老。长条齐剪三千枝，遍插湖边任颠倒。几时春雨浸深根，多少新芽出青杪。一年两年影依依，千丝万丝风袅袅。待与游人遮夕阳，应有飞绵衬芳草。补种须教有司管，爱惜还期后人保。昔日何人种柳枝，曾拂翠华萦羽葆。今日离宫有落花，踠地春风共谁扫。白堤插满又苏堤，六尺柔荑惜纤小。且把千行淡绿痕，试与桃花斗春晓。”

阮元在杭州为官 12 年，与杭州有不解的缘分，结下了深厚的情谊。在杭州城，一直留有许多与阮元有关的遗迹和故事。

捐资筑塘终不悔

略显昏暗的房间中，一位老人仰躺在床上，微微地闭着眼睛，听床前的女婿应德闳说着什么。“父亲，筑塘的条石也已经从绍兴运过来了，打桩钉的木料也有了。六和塔外面的脚手架已经全部搭建完成了，开年就可以修缮塔心了。您放心吧，好好地养病，我都盯着呢。”

“季中啊，那些材料一定要反复验看过才行啊！”朱智又叮嘱了一遍，“把图纸拿过来，我再看一下。”

“父亲，等您身体好了再看吧，我都放这儿呢。” 应德闳把厚厚的一叠图纸放在窗前的书桌上，又为岳父掖了下被子，悄悄地退出了房间。

清咸丰八年（1858），朱智以优异的成绩考中了军机章京资格。朱智，字敏生，浙江钱塘人。在军机处，朱智的才干得到了充分的发挥，先后历任工部郎中、鸿胪寺少卿、大理寺卿、太仆寺卿、兵部右侍郎等职务。在宦海沉浮中他亲历了朝廷的最高秘辛，体会过亲丧家亡的悲伤和苦痛，身在京师仍时时惦念家乡杭州。

同治十二年（1873），杭州发生了轰动朝野的杨乃武与小白菜案，朱智从中斡旋，并为翁同龢（读 hé）积极提供建议和线索，终于使得冤情大白于天下。

光绪七年（1881），常年的辛劳使朱智的身体越来越差，四月，他因旧疾日剧，陈情开缺。在得到朝廷的批准后，年过五旬的朱智回到了杭州，开始了退休养病的生活。

刚回到杭州的时候，朱智的身体状态极差，几乎闭门不出。也许家乡的水土养人，慢慢地，朱智的病情开始好转，身体也变得硬朗起来。他开始闲不住了，琢磨着做点什么事情。当时的杭州，因甲午战争失败，整个社会经济凋敝，百业不兴。

朱智首先想到的是赈灾。他四处奔波、不辞辛劳，不仅自己出钱，还具体经办各项事务。女儿常常劝他要保重身体，可他每次都是呵呵一笑了之。除了赈灾，他还参加了《杭州府志》的撰修。他虽然曾经位居高位，却没有一点架子，每天听听故事传说、看看风俗民情、写写文章书法，就是一个乐呵呵的小老头。

有一天，几个老朋友约他去郊外游玩。他们出了钱塘门，沿着钱塘江一路漫步，只见江边芦荻飘絮，江水荡漾，几艘渔船正在钱塘江上捕鱼，一派野趣。“好久没有走这么远了，看着这江水感觉心里都舒畅了。”朱智站在江边远眺对岸，“只是，怎么荒凉了许多。六和塔也好像变了样了！”

“哎呀，敏生兄，你不知道啊，这些年战乱不断，朝廷也没有心思来修堤塘，你看看，这些石塘都坍塌了，已是到了不堪一击的地步了。”同行的张生摇了摇头。

“去年，府台大人就曾说要修塘，只是没有钱啊。正课没法开支，收上来的税还不够交上头的呢。”

“老百姓苦啊，每次大潮来临，沿岸的田地、房子就保不住了。你看现在，他们也懒得修，反正修了也无济于事，干脆逃荒去了。”

一行人边走边看。朱智越看心里越不是滋味，自己当了那么多年的京官，没想到家乡成了这个样子。他们走到了月轮山下，只见六和塔年久失修，外面的木质塔身已经全部腐朽塌倒，只剩下一个塔心，也已经摇摇欲坠。

“潮水那么厉害，最主要镇潮的六和塔也朽坏了，幸亏还有个塔心，不然，潮神是真要冲到府台衙门去了！”

“这样的塔，这样的塘，怎么能抵御潮水，沿岸百姓该怎么生活呢？”朱智眼看这样的情景，忧心忡忡。

光绪十九年（1893），汹涌的潮水直扑六和塔一带，本就疮痍满目的石塘再也受不住了，江水顺着崩塌的缺口冲倒了房屋，道路被淹没，驿路被阻断，大量的农田被咸水浸泡，颗粒无收。

看见这样的惨状，朱智下定决心要修建江塘和六和塔。朝廷不是没钱吗，他也没太多爱好和花费，这些年好歹存了一些钱，于是就决定自己出钱。第二天，他给巡抚写了封信，表明了自己的想法，并要求巡抚向朝廷上奏。光绪二十一年（1895）十二月初八，浙江巡抚廖寿丰代奏朝廷“为在籍大员分年捐修塘塔要工据情奏请立案”。朱智在奏折中向朝廷表明了“愿分年措资将塘塔两工独任建修”，并再三说明工程建成后不需要造册报销的手续。光绪皇帝览奏后欣然书写了“功资筑捍”

匾额，传谕奖励。

这个奏折和匾额成了朱智为自己立的一个军令状。自此以后，他把全部的精力都投入到了钱塘江江塘[①]与六和塔工程中，这一年，他已经是年过六旬的老人了。朱智首先启动濒江石塘的建设，从条石的采购、塘工的招募，到石塘质量的把关，时时督促，无不亲力亲为。整个江塘绵延有 20 几里，工程十分浩大。新建海塘塘根钉桩必须要等到江水退去见到实地才能下桩，砌筑一层层的条石堤岸也只有小潮汛的时候才能进行，否则条石就有可能被潮水卷走，造成堤岸坍塌，遇到雨雪冰冻天气更是难以施工。紧接着又组织六和塔的修建，他觉得六和塔起着镇潮的作用，必须要用心修建，便专门请人根据原来的样式对六和塔进行重新设计绘图，奠定了后来六和塔的样式。

繁复的工程使得朱智的身体状况受到了极大的影响，不久旧病复发，眼看就要不久于人世。

这天，浙江巡抚刘树堂接到朱智病重的消息，赶往朱府。他接过朱智请他代奏的遗折，不由得心情激动。按照清朝的惯例，六部九卿或总督巡抚以上官员，在临死之前，都需向朝廷呈递遗折“伏枕哀鸣”，以此表示对皇帝的一片忠诚。遗折内容也大多雷同，简单地述说自己一生的经历功绩，尤其是表达自己的遗愿，主要希望去世之后得到朝廷的恩典，惠及子孙后代。而朱智在遗折中却说：“嗣因钱塘县境内，濒江石塘，坍塌已甚，并六和塔年久失修。臣目击情形，工程紧要，自愿分年措资，独力修建……今年入春以来，旧恙增剧，料不久于人世……现在塘塔工程，幸已及半，唯有遗属、家属，悉心经理……早竣全功，了微臣未竟之志。”朱智去世之前，唯一放心不下的，就是江塘和六和塔工程。

①钱塘江江塘：以乌龙庙八仙石为界，往西称江塘，往东称海塘，统称为钱塘江海塘。

光绪三十年（1904）初，在朱智家属的主理下，钱塘江江塘和六和塔修建工程终于竣工了。在朱智去世后的第五个年头，他的遗愿终于实现了。

浙江巡抚聂缉槼（读 guī）向朝廷上折，“为在籍已故大员分年捐修塘塔要工现已一律完竣”，并向当初承诺的那样要求免于造册报销，向朝廷销案。他在奏折中记述道：“自光绪二十一年八月初始至光绪三十年正月，塘塔两工一律完竣，计塘工六百二十六丈七尺六寸，塔屋三百十二间……所有塘塔两项工程，共用工料银，十万三千四百五十两零。”整个浩大的工程历时 9 年，最为难得的是，所有钱款都是朱智和他家人独立承担的，没动用一分公款。

杭州百姓对朱智仗义疏财、造福乡里的行为感激涕零，现在元宝街 1 号的朱智故居，依然展示着这位百年前杭州人的义举。

图说石塘留青史

“雪诬！”慈禧太后重重地写下了两个字，把笔一扔，“我就说他是好的，都是那些小人气不过。”她仔细翻看着两江总督魏光焘呈上来的奏折，又拿起李辅燿所记录的关于光绪二十七年（1901）、二十八年（1902）海塘工程款汇总的收支账单，只见账单中将工程用款罗列得十分详细，数字精确到元、角、分、厘、毫、丝、忽、微。“这些年浙江的仁和、钱塘、海宁等诸县，要么因被淹要求蠲（读 juān）免钱粮，要么盐灶要蠲缓灶课，几乎年年如此。唉，也不知这海塘到底怎么修的，若再没个能干实事的人，我看饭也不用吃了。”

一纸定论给李辅燿洗清了罪名，但他心里并没有轻松多少，他知道浙江海塘的治理仅凭一己之力真的很难。他拿起桌案上已经磨毛了边的《石塘图说》，心生欣慰，终究还有那么多人，在努力地修筑着海塘，而这工艺技术也终将流传下去，后人定会给他一个良心的评价。

同治五年（1866），18 岁的李辅燿考中了秀才，4 年后成了举人。但此后连续 3 年赴京会试，都不得意，最后一次恩科考试，李辅燿只取得副贡科名，授了一个内阁中书的小官。而他的几个好朋友先后都考中了。

光绪二年（1876），浙江沿海水灾不断，朝廷决定动用国库资金来兴建海塘工程。治理海塘，选拔一个能干肯干实事的人负责，显得尤为重要。次年，在当时杭嘉湖道台方鼎锐和巡抚梅筱岩的极力推荐下，李辅燿由内阁中书调任浙江钱塘江海塘工程局驻工督办，领道员衔，成了钱塘江海塘工程的实际工程总负责人。这次破格提拔，改变了李辅燿的人生，这年他年方29岁。

接到任命后，李辅燿立即赶往浙江，连除夕都是在途中的淮安过的。一到杭州，巡抚梅筱岩就让他立即上任。

海塘修筑是一项非常辛苦劳累、艰难险恶的工作，历来被官场中人视为畏途。冬天的江边寒风刺骨，地上泥泞不堪，作为驻工督办，每天必须亲临海塘工地一线，风里来雨里去，李辅燿却乐在其中，每天到现场督工，了解工程的进展，并谦虚地向现场塘工了解海塘修筑的各种工序和技术，有时候还会亲自上去和塘工们一起干活。从工地回来后，他又悉心地研究历代在修塘施工中的得失，反复比较康熙朝、乾隆朝鱼鳞塘修筑的异同，终于悟出了改建“鱼鳞石塘”的方案。

为防止漫塘之患，将二限三限的鱼鳞石塘，由原来的18层外加高2层，共20层。整个海塘高20尺，每块条石宽1尺2寸，厚1尺，长从3尺到5尺不等。为了增加海塘整体牢固度，在塘身迎潮面的丁、顺条石间，增加铁萧、铁笋器件。从第二层开始，在两石层相互垒叠的地方各凿一个孔，用铁笋穿合，上下连结；在横石排结的地方，在头尾凿孔用铁萧关住，让条石左右贯穿。这个做法就比以前单纯用铁锭搭钉的办法有了较大的改进，避免了铁锭浮面易脱落的缺点，大大稳固了塘身。铁萧、铁笋尺寸也非常有讲究，一律用4寸长、直径1寸、围圆3寸1分、重达1斤的熟铁制成，一定要做得平顺

海宁念汛大口门二限三限石塘图说

圆滑。同时担心条石上凿孔太多，影响牢固度，动用了当时最先进的钢钻来打孔，确保石质不受损伤。这种办法是光绪时期钱塘江海塘修筑中的一大创新。

为保证工程质量，李辅耀不畏辛劳，亲力亲为，数年如一日，前后历经 4 年，被称为“圣朝第一大工程”的钱塘江海塘建设工程如期完成。因为工程质量过硬，巡抚谭钟麟对他极为赞赏，奏请慈禧太后，赏李辅耀“二品顶带浙江候补道”的顶戴。

工程圆满竣工，但李辅耀总觉得还有事情没有完成。他在即将离开的前夕，不由自主地又来到了海塘工地。工地已是十分整洁，曾经堆满条石块的地面也种上了柳树和青草，他亲手所筑的海塘静静地伫立在江边。

“大人，您又来看海塘了呀！”几个还在收拾工具的塘工，微笑着跟他打招呼。

“是啊，习惯了。”

“大人，您以后还会来筑塘吗？您教授给我们的办法太好了，我们都学会了，以后可以当师傅了呢！”

“对呀，以后还要修海塘，这些办法应该让更多的人学会。”但怎样才能让更多的人学会呢？李辅燿回去后连睡觉都在想这个事情，他最终决定把海塘工程修筑的办法编写成书。有一位同事问他：“补孝啊，你那么辛苦修筑海塘，这些办法可都是你耗费心血想出来的，你现在把他写出来，不是让别人得便宜了吗。”

“唉，这种便宜得到的人越多越好。海塘关系到江浙百姓能否安居乐业，是我朝的头等大事。以后组织海塘岁修，能让更多的人掌握这些技术，不是事半而功倍吗？”李辅燿笑眯眯地说。

从此，李辅燿一有时间就整理记载海塘工程各种事宜，工具怎么准备，条石什么尺寸，每道工序怎么做，等等。但每每涉及具体技术问题，总觉得用文字很难说清楚，再一想，最好让那些识字不多的塘工也能看明白。于是，李辅燿打算用画图的形式，来具体表现筑塘的工序与技术，因此，他亲自勾勒了草图 34 幅。到光绪七年（1881），《海宁念汛大口门二限三限石塘图说》终于刊刻成书，他不仅亲自为书写了跋语，还把当时跟他一起修筑海塘的 28 位下属的名字、头衔一一写入书中。

光绪二十七年至二十八年（1901—1902），他又一次来到浙江，任杭嘉湖道台兼塘工总局驻工督办。这次他到杭州来修海塘，发现比20年前初来浙江时更加艰难，难的不在技术，而在于官场普遍腐败，朝廷拨付下来的用来海塘维护的工程款，都被贪官们花得所剩无几。

李辅燿自己为官洁身自好，不贪不腐，同时顶着压力大胆改革，整治贪官污吏。在他担任道台期间，浙江地区的钱粮财税、海防治安井然有序。但是，正因为他的正直，在发现海塘工程款有问题时，他与那些具体负

修筑海塘图

责的官员和经办人发生了严重龃龉，并依律对他们进行了查处。当海塘修复工程完成之后，李辅燿刚被调任防军支应局总办，就被人参了一本。当时被他革职的贪官疏通了关系，告到朝廷，指责李辅燿在海塘工程进行期间贪污公款。

慈禧太后当即派了两江总督魏光焘带着道员，到杭州来彻查李辅燿。李辅燿知道后非常气愤，他给自己的姻亲，时任京畿道监察御史徐树钧写了一封长信，把自己前后两次修建钱塘江海塘的详细情况述说得一清二楚。魏光焘经过彻查，终于洗清了他的冤屈。

清光绪三十四年（1908），海塘工程部改革，成立了海塘工程总局。李辅燿任第一任总办，是塘制改革的实际执行人。

李辅燿与浙江海塘相伴相随，他撰写的《海宁念汛大口门二限三限石塘图说》成为后来学习钱塘江海塘修筑的必备宝典。

2014 年 1 月，李崧峻先生代表李家后人将李辅燿手稿日记共 62 本无偿捐给了浙江大学档案馆，2014 年 12 月，《李辅燿日记》10 册正式影印出版。这些珍贵的史料，为我们展现了晚清到民国初年浙江的政治、经济状况以及社会、民俗风情等方面的真实情况，尤其对研究钱塘江海塘工程的建设有着重要的文献价值。

第三章

地名：千载传说尽其中

路随塘转水连天

钱塘江又称“浙江”“之江”，别名源于几百里钱塘江的走向。钱塘江从山间向大海奔流的过程中，有两个大转折，走向呈“之”字形，其中一个急转弯就在定山脚下。

定山，最早是钱塘江中的岛屿。据说，钱塘江的潮水到了定山脚下就变得十分温柔，都不敢高声吼叫，而一过定山，就恢复了狰狞的面目，雷吼霆怒，横冲直撞。百姓都说这山有定潮的作用。

钱塘江是浙江的母亲河，从远古奔流至今，接运河、通大海、纳百川，沟通浙江省的上八府和下三府。定山恰好处在钱塘江转弯的重要节点上，巉（读 chán）岩壁立的山峰东面高耸，西北略起峻峰，好像一头昂首翘尾的雄狮蹲伏在钱塘江边，因而也称作“狮子山”。定山东峰遥对海门，龛（读 kān）山、赭山尽在眼前，远远望去十分壮观。唐朝著名诗人崔国辅，有一次到杭州就来了个夜观定山。

唐开元十四年（726），崔国辅考中了进士，后来被任命为山阴县县尉。崔国辅经常要到杭州来，公务公事、访客会友十分繁忙。那个时候，从会稽郡到杭州最方便的就是走水路，山阴和杭州相隔一条钱塘江，可摆渡钱塘江也算是个麻烦的事。当时，最便捷最繁忙的航线，就是从六和塔附近的龙山渡到对岸的西陵渡。但是江面宽阔，一天又有两次潮水，渡口开放的时间向来不是那么确定的，能否过得了钱塘江，有时还真要凭运气。

有一天，崔国辅一大清早从山阴县来到杭州，无奈知府衙门公务繁忙、手续烦琐，等事情办好，天色已晚。

“崔大人，您看这天不早了，不如在后衙凑合一晚，明早再走吧。”书吏热情地招呼他。

崔国辅想了想，对书吏说：“多谢了，我明天一大早还有要事，还是早些回去得了。对了，早上过钱塘江时，我看到江水横流，舟楫如梭，钱塘江的景色果然不错。不知道，夜晚的钱塘江又是怎样一番景象呢？”

“嗐，崔大人，您可真是有情趣啊。能不能夜渡钱塘江还不一定呢，得看您运气，万一赶不上，您就到范浦[1]去投宿吧。”

“多谢指点。”崔国辅紧赶慢赶往龙山渡口而去。

到了渡口，码头却不见人影，冷冷清清的，只见一艘渡船在江面上不停地晃荡着，老艄公正悠闲地理着渔网，一副“野渡无人舟自横”的景象。

“老人家，这渡船还走吗？”崔国辅跟艄公打着招呼。

“呵呵，看你就是不太走这条路的吧，你看看这钱塘江，雾气蒙蒙的，夜潮马上就到了，渡船啊，早就停了，

①范浦：北宋王存主编《元丰九域志》卷五《两浙路·仁和县》记载：“为仁和县四镇之一。”《咸淳临安志》记载：“在府之东南二里。”一说范浦就是现在杭州市西湖区的梅坞溪，边上有范村，后改为梵村。

明天早点来吧。”老艄公乐呵呵地说。

崔国辅好奇地往江面望过去，透过雾气隐约可见一线白浪正剧烈翻腾着，轰隆轰隆的声音由远及近，他不由得惊呆了。到山阴县时间不长，这条路走得真不多，今天可真是难得。

“年轻人，这潮水好看是好看，但也厉害着呢。今天还是初七，要是到十五，那可不得了，那潮头高得呀！尤其是晚上，稍不留神就把人给卷走了。我看你啊，还是找个地方投宿吧。”

“哦，老人家，范浦得往哪方向走呀？”

“不远，你顺着江堤一直往前走，就这么一条塘路，看到有灯火炊烟的地方就是范浦，那里可热闹了，住宿、酒肆都有。”老艄公指着远处隐隐约约的灯火。

“多谢老人家。”崔国辅沿着江岸往范浦方向走去。

“年轻人，别光顾看景色，看着点路，千万不要走到堤塘下面去，危险！”背后传来了老艄公的叮嘱声。

天色慢慢地暗了下来，崔国辅不紧不慢地走在塘路上，一小团一小团的雾气，绕着人飘来晃去，路两边的苇叶，随江风缓缓摆动着，仿佛在热情地打着招呼。

潮水渐渐地平稳了些，渔船又驶向江中，江面上星星点点，炊烟和渔火交织在一起，在浓浓的雾气笼罩下，蜿蜒曲折的塘路好像没有尽头，定山仿若被驯服的大狮子静静地横卧着。

崔国辅站在江边，望着如此迷蒙的景象，已经忘记了自己到底在哪儿，只觉得整个人都飘忽了起来。顺着塘路一路走着，绕过来又转回去，感觉好像围着“狮子”转了个圈，再转过一个弯，崔国辅的眼前蓦然出现了鳞次栉比的房屋，酒幌高高地挑着，明晃晃的灯笼照亮了一座宽敞的木桥——“感应桥”，哦，这就是范浦了，过了桥就是范村了。

崔国辅恍若从仙境回到了人间。酒足饭饱坐在客栈的烛火下，想起一路上的景色，提笔写下了《宿范浦》：“月暗潮又落，西陵渡暂停。村烟和海雾，舟火乱江星。路转定山绕，塘连范浦横。鸱（读 chī）夷近何去，空山临沧溟。”

“哎呀，真是不虚此行！”崔国辅心生感慨。

到了元代以后，钱塘江江岸东移，定山周围慢慢地泥沙增涨，淤成了陆地。周围阡陌纵横，竹篱茅屋，渐渐地形成村落，村民们依山而居，临江而憩，成了人烟稠密之地，定山便成了定山乡。清朝定山南乡的张道先生，还用毕生的心血为家乡写了《定乡小识》，记录了钱塘江边这片山水的历史演变和风土人情。

如何修筑江塘以更好地护卫家园，是临江而居的人们必须要面对的问题。唐代，随着杭州人口的快速增长，为了解决生存问题，人们开始在沿江修筑江塘，保障居住和生产的安全。唐大中年间，县令李子烈在凤凰山南麓筑堤修塘，之后数朝相继，从土塘逐步改建成石塘。张道在《定乡小识》中，也对定山一带的江塘做了详细的考证，钱塘江北岸的鱼鳞石塘起点就在定山脚下的狮子口，从这里蜿蜒向东，一路护卫着沿江城池与诸多百姓。诗人崔国辅当年沿江而行的塘路可能是我们已知最早的江塘了。

1956年，回龙、定山、狮子3个乡并入树塘乡，之后，在行政区划的再次调整时，有人想起了崔国辅的“路转定山绕，塘连范浦横”之诗句，便取其中两个字合成了“转塘”。转塘的由来，不仅留下了唐代诗人崔国辅的一段佳话，更是把定山一带的钱塘江江岸曲折、潮水汹涌，以及定山人筑塘御潮的故事形象生动地描摹出来了。

潮王路上潮王桥

在杭州城区有一条热闹的大马路“潮王路”，其中跨越运河的桥就叫“潮王桥”。路和桥都因为潮王而得名。那么潮王到底是何许人呢？为什么要以潮王为路和桥的名称呢？

既然叫潮王，当然与潮水有关了。在杭州，潮王、潮神可不止一位，历史上有过许多潮王，其中称得上最早的是春秋时吴国谋臣伍子胥和越国谋士文种。

据说伍子胥被吴王赐死后，抛尸江中，他含冤而死，怒气不散，死后就用怒气驱使着钱塘江水，形成汹涌的潮水冲毁堤岸，向岸上的人们示威，以此来发泄自己的怨气。人们对他又怜惜又害怕，就封他为潮神，立祠祭拜他。文种是越国的大夫，是伍子胥生前的劲敌，但因也是蒙冤而死，死后也被奉为潮神。在民间传说中，这一对生前的冤家，死后却成了一对伙伴，据说每次大潮来时，前潮就是身着盔甲气势汹汹的伍子胥，后潮就是身着白衣的文种，又被称为“二度潮”。

这两位潮神是驱潮的神，而潮王路纪念的潮王却是抵御潮水的大王。

随着人口的不断增长，杭州人从山间走到了平原。钱塘江两岸由于泥沙的淤涨慢慢形成了陆地和平原，这一片平原非常肥沃，似乎什么种子撒下去都会长得很茂盛，越来越多的人迁到了江边平地上。但是，这片平原最怕的就是钱塘江的潮水，估摸伍子胥和文种的怨气至今还没有发泄完，隔三岔五就要来耍耍威风，让人们知道他们的厉害。为了阻挡潮水、保卫家园，一场和潮神的较量就随着海塘的修筑展开了。

石瑰，生于唐朝末年，是杭州钱塘县人，靠几代积累，家里有了百亩良田，算得上是个当地的大户。石瑰生得矮小精干，为人却十分和善，乡里要修个桥，或逢年过节请个菩萨，他总是第一个出钱，是出了名的好人，也是乡里有名的乡贤。只是为人处事有些执拗，自己想做的事情，不管困难有多少，阻力有多大，也要想方设法办成。他妻子曾经劝过他："凡事不能强求，三分人力，七分天命。"石瑰每次都是拧着头："我可不相信，我想做的事情，就一定要干成、干好！"

石瑰没有别的什么烦恼，唯一不如意的是，他家的田地有一半是靠近钱塘江的，遇到潮水厉害的年份，常常会被潮水淹没，严重影响收成，甚至有不少年份会颗粒无收。虽然这些还算不上严重影响他的生活，但在他心里总是个结。

唐长庆三年（823），这年的大潮相比往年要来得更早些。五月的天大雨就下个不停，一连下了 3 天，钱塘江里的水漫过了堤岸，直往石瑰家的田地里冲过去。面对潮水，石瑰心里痛恨至极，发誓一定要修筑一条既高又长且坚固的堤塘，把潮水死死地挡在外面，永远不受其害。

石瑰叫来了乡亲们，把自己的想法跟大家说了，乡里乡亲都非常赞成。乡里的小户本来田地就不多，一旦受灾生活都会难以为继，只是人少力薄，真没有更好的办法应对。现在看到乡贤石瑰主动站出来，主持修筑堤塘的事情，大家当然非常地拥护。

“石老爷，筑塘是好事，我们都愿意。出点力气没问题，但是筑塘要花钱啊，我们可出不了钱。”村民们都不好意思地说。

“没关系，只要大家支持我，钱，我来出！潮水实在太可恶了，为了大家能过上好日子，我哪怕倾家荡产也要把海塘建起来！”

石瑰铿锵有力的话语感染了大家，第二天，村民们就自发来到了石瑰家，共同谋划海塘的修筑事宜。石瑰的妻子也没有阻拦，她知道自家相公想干的事情一定是拦不住的，况且他都说了，这是为了全乡村都能过上好日子。

石瑰做了一个详细的计划，要招募多少民夫，去哪里购买石料，怎样运送泥土，还要设法请几位有修塘经验的师傅。很快，家里的现银就花光了，石瑰就把家里存着的余粮运到县里去卖了，用来贴补筑塘的费用。

大半个月过去了，各种原材料都基本到位了，筑塘工程很快就要实施了。这时，正帮助他管理工程的侄子过来找他了：“姑父，还有钱吗？”

“怎么了？”石瑰问道。

“会筑塘的老师傅倒是找到了，只是要的工钱比较贵，而且要先付，说这个修海塘是个危险活，工钱必须先付，否则，能不能享用到还不一定呢。”侄子皱了皱眉头，

潮王桥

又说道："姑父，筑塘这么危险，我看还是算了吧。反正咱们家也不缺这点地，淹了就淹了吧。"

"咱们家是不缺，可别人家呢？这潮水可是越来越厉害了，再不修建好堤塘，潮水就要冲到床头来了。我就不信了，我们这么多人就干不过那一个潮神！"石瑰想了想又跟侄子说："先答应师傅们，好好招待，我回头把地卖掉几块，不就有钱了吗。"

这下，石瑰的妻子可不干了，跟他吵了起来，但最终还是没能说服石瑰。

海塘工程随即启动了，而石瑰为了支付原料、工钱等，陆陆续续地把田地也卖得差不多了，原本丰厚的家产几乎花了个精光。

筑塘，果然不是一件容易的事情，潮神似乎在跟人逗着玩，每次好不容易筑起丈高的塘，一阵大潮过来就被冲毁了，这让石瑰既气愤又焦虑。师傅们说，只有在潮平的时候加紧修筑，修到足够的高度，潮水够不着了，也就冲不毁了，后面才有机会往上再修建。石瑰听了师傅们的意见后，及时调整了修建的计划和方法：一是缩短战线，改全线施工为分小段实施，相对集中现有的人力和物力。二是定时抢工，在规定时间内，即在下一波潮水来临之前，确保将海塘修筑到足够的高度。他带领乡亲们日夜奋战在修筑海塘的一线工地上，与江潮进行着时间的赛跑、力量的比拼、精神的较量。

这一天，正是七月十八，这天的潮俗称“鬼王潮”。钱塘江掀起大潮，向初具规模的大塘直冲过来，石瑰带着众人奋力堆土阻水。

然而，不幸的是，一个大潮头过来，精疲力竭的石瑰被卷入了滔滔江水……

石瑰虽然出师未捷身先死，但他竭尽家财修筑海塘，最后以身殉潮的事迹，惊动了朝廷，感动了民众。唐懿宗李漼知道这件事情后，就封他为“潮王”。杭州的百姓也感念他的功绩，自发集资为他建了“潮王庙”，每年农历八月二十八日是石瑰的生日，人们都会举行隆重的祭祀仪式，还逐渐形成了热闹的庙会。

潮王庙的香火一直很旺，但凡有修筑海塘工程的，一定要前来祭拜一番，祈求工程顺利，保佑风调雨顺。1958 年，潮王庙主建筑被拆，改建为潮王庙小学。潮王庙虽然消失在岁月的变迁中，但“潮王庙”的地名被保留了下来，杭州人就把当年潮王庙边上的路命名为“潮王路”，来纪念石瑰这位筑塘英雄。后来还新增了“潮王桥”“潮王公寓”“潮王大酒店”等名称，“潮王”也成了杭州记忆的重要组成部分。

铁岭关下西兴渡

明万历二十五年（1597），袁宏道辞去了吴县县令，开始了四处游历，追寻山清水秀之地，偶与三五好友小聚，饮酒作诗，日子过得好不舒服。他的好朋友时任国子监祭酒的会稽人陶望龄，也正好休假在家，便来到绍兴拜访故交。

“石公，恭喜你终于脱离苦海啊。”陶望龄笑着对好友行了一礼。

“石篑兄，还是你懂我啊。这些年我深深体会到，人生作吏甚苦，而作令尤其苦，若作吴县的县令则其苦万万倍，真是牛马不如啊。”袁宏道摇着头，一脸笑容，“接下来，要快意人生，一展所长啊。”

陶望龄陪同袁宏道游遍了越中山水，准备再到东南去寻访名山大川。这日，他们乘船来到了西兴渡，打算换渡船渡过钱塘江去。

“石公，这西兴渡，平时也算来来去去，却没有好好游玩过，今天我们得空，不忙着过江，先去古镇好好地看一看吧。”

“嗯，这西兴历来是吴越两国来往的水陆要津，可是有年头了，是该好好寻访一番。”袁宏道望着远处的茫茫江水和点点渔舟。

“以前这里还叫西陵呢，这可是越国第一大港口，据说当年越王勾践、美人西施都是从这里渡江去吴国的。江水依旧流，美人今何在啊。”

“别感慨了，走，走，咱们到铁岭关上去。”陶望龄拉着袁宏道下了航船。

这西兴是千年古渡，传说2500年前，越国在越王允常的治理下，逐渐强盛起来，但同时也与吴国结下了仇恨，由最初的“扭事小争”，发展到后来的相互攻伐。越国大夫范蠡受命在钱塘江南岸修筑城池，以防备北面吴国的进攻。越国君臣们都希望这座城池能够阻挡吴军，守护越国，就取名“固陵”，后来又称“西陵”。固陵城的关隘名为铁陵关，号称“浙东第一关隘”。五代的吴越王把越国、吴国一统为一，认为“陵”非吉语，故改名为“西兴”，希望这里能兴旺发达。

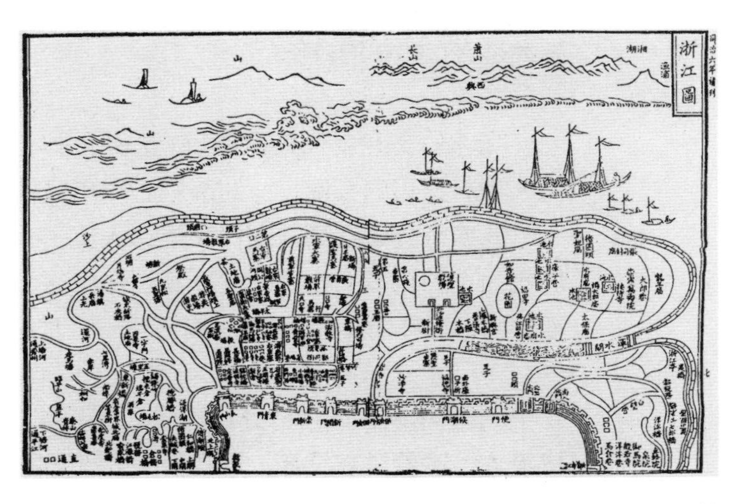

在《咸淳临安志·浙江图》右上角可见“西兴”“湘湖”“渔浦”字样

两人边走边看，来到了铁陵关上，这时的关隘，早已不是用来阻挡进攻的卡口了。只见用巨大条石砌成的高高的台基上，一座楼阁飞檐耸立，古朴厚拙，楼阁上悬着匾额——“镇海楼”。两人穿过斑驳的石门洞，沿石阶而上，一到上面，只觉得江风扑面而来，眼前豁然开阔，整个西兴渡和钱塘江尽收眼底。江水翻涌，鸥鹭低飞，远处的浙东运河和钱塘江，犹如一大一小的两条缎带，轻盈地飘连着。

“‘江上秋风晚来急，为传钟鼓到西兴。’苏东坡这话此时倒也应景啊，只是，昔日越国边防的雄关要塞如今已经成了观潮之地。”

“是啊，自从当年吴越王将关隘改为玩月楼，这里就不再是越国的一国之地了，它守护一国之民的使命也已经完成了。不过，吴越王早已安排下了新的守护者。你看，这些海塘可真雄伟壮观啊！”陶望龄指着钱塘江边的石塘，兴奋地说道。

“我听说当地百姓有一段民谣：‘越国造此铁陵关，铁甲将军守边关。三千铁骑守海塘，百姓始能得安康。’这才是真正的守护者呀！”

“是呀，无论朝代兴衰，百姓安居乐业才是真理啊！”两人望着江边的石塘，一时静默。当年吴越王钱镠兴建了竹笼塘抵御了江潮，宋代张夏又大范围改建成石塘，历代为官的也多有作为，才能真正保住这北接杭州、南通宁绍台的驿站要道，才有了身后这一大片肥沃的良田。

“十余年前，巡按傅好礼傅公、李天鳞李公率县丞衙属等人，冒着风雪严寒，从几百里外面运来条石，历时半年，将这西兴大塘修筑一新，能建成这么大的工程，真是太不容易了，我们实在是汗颜啊！”袁宏道又想起自己在吴县县令任上为百姓办点实事的艰难。

两人从镇海楼下来，便往大街而去，老屋深巷，人流熙攘。青石板的道路被来往的车辆人流踩得十分光滑，码头边上非常醒目地悬着驿站的招牌。由于运河的开通，西兴的水陆交通极为便利，昔日屯兵御敌的西兴，也由一个单纯的军事要塞，逐渐转化为一个以水路为主的码头。

早在唐以前，朝廷便在西兴设置了水驿码头，朝廷的公文、进京的奏折都由此进行传递，凡京外各省发往宁绍台三府的公文，也皆由仁和县武林驿递至西兴驿站接收。西兴镇上还建有高规格的驿馆，华丽舒适，用来迎送过境官员、招待来往商贾。驿馆中的樟亭与巍峨高耸的铁陵关，也都成了西兴百姓观潮的最佳去处。

除了过往的官吏商贾、赴考的士子，文人墨客也是这条古驿道上的常客，“烟波尽处一点白，应是西陵古驿台”①。一路上，两人边走边聊，看过了古闸石桥，拜过了奉范蠡为城隍的城隍庙，玩得十分尽兴。

陶望龄和袁宏道两人一起游历了三个月，谈文论道，也写下了许多诗文。其中陶望龄有一首《西兴新堤》，就是写西兴古渡和西兴海塘的：“叠石成堤结构雄，岩峣（读yáo）飞阁倚晴空。根盘吴会鲲鲸静，势拥东南雨露通。鸟集平沙春自语，花香古渡岁初红。欲知今日西陵意，一带渔歌和晚风。”

西兴是钱塘江海塘南岸的交通要津，是钱塘江与浙东运河的交汇处，地势险要，也是历代海塘修筑的重要节点。从西兴向东，往长山、瓜沥一直到绍兴，被称为“北

①出自唐代白居易《答微之泊西陵驿见寄》一诗。

海塘”。海塘也与西兴人的生活密不可分。因为钱塘江和运河之间有水位差，交汇处都建有坝和闸，明代开始就孕育了新的行当——“过塘行”。从钱塘江进入浙东运河，或从运河进入钱塘江的货船，都要先卸下货物，待货物挑过塘堤后，再另外装船，“过塘行”也就是专门替过往商客承办货物过塘的“转运行”。据说西兴最热闹鼎盛的时候，共有过塘行七十二爿半，过禽蛋的，过茶叶、药材的，过牛、羊、猪、鱼秧的，过棉花、蚕丝、绸缎的，过百杂、灯笼的，种类繁多。一般过塘行均全年营业，只有一家黄鳝行，因为鳝鱼上市有季节性，每年总有几个月不开门，被戏称为“半爿”。挑夫、船夫、轿夫、牛车夫等从业人员达千人，成为名震江南的货物集散中心。

晚清长河人来又山作了一首诗《西兴夜航船》，诗中写道：“上船下船西陵渡，前纤后纤官道路。子夜人家寂静时，大叫一声靠塘去！”惟妙惟肖地描绘了昔日西兴的繁盛。

沧海桑田、时过境迁，今天钱塘江早已远离铁岭关，多数石塘也已被高标准海塘取代，只是保境安民、国泰民安的美好寓意始终没有改变。

塘头老街瓜沥里

一大清早，蒙蒙的雾气还没有散尽，塘头南街的茶馆陆陆续续地卸下排门，准备迎接从余姚、上虞、诸暨、绍兴、安昌、钱清等地来的船老大们。

早起的还有许多到埠头接活的“脚班”，只是这些“脚班”是舍不得去泡茶馆的。

住在塘头街尽头的沈阿大，每天都是来得最早的，他孤身一人，在家也没什么紧要的事情。据说，在他 10 岁那年，也就是明崇祯元年（1628），飓风挟裹着海水从安昌冲了过来，冲毁了瓜沥塘，沿江的茅屋全部坍塌了，他的家人也就在那次潮灾中离世了，只留下了他一人。好在半大的小子在邻居们的照顾下，也顺顺当当地长大了。沈阿大身高七尺，眉清目朗，一副好身板，村里人都说他是个命大福大之人。平时，除了在两亩沙地里种些瓜果以外，他主要靠在埠头做脚班，帮忙搬运货物等维持生计。阿大年轻，身体好力气大，待人诚恳礼貌，南街的人都很喜欢他。

阿大平时生活节俭，也没有什么不良嗜好，只是爱听大书，凡是有空闲，他就会靠在“四禧园”茶店门口，听茶馆里人说大书。听着听着，时间长了，他知道了三皇五帝、姜子牙封神、武松打虎的故事，也了解了塘头老街的历史。茶馆里的说书先生最喜欢讲老街的故事，让阿大觉得塘头是世界上最美最好的地方。好多时候，他也会给上八府来的客人介绍老街：老街历史是多么的悠久，从宋朝太平兴国三年（978）的时候就有了，已经有600多年的历史了，那时的老街还被称为“瓜沥里”；老街又有多么的繁荣，分为东街、中街、西街、南街，有二溇、二汇头、九埠、十五弄；等等。有时候远来的船客问他为什么这里叫塘头，他总是简单的一句话，“因为我们这里紧挨着海塘，是北海塘的东头”，就再也不肯说其他话了。

夜幕降临，所有的船只都静静地卧在码头边，老街也停下了一天的喧嚣，安静了下来。沈阿大一个人默默地踩着整洁光滑的青石板路，穿过一排排、一间间整齐的木头排门时，总是会想，要是钱塘江潮水没有那么猛，要是那条海塘能更牢固一点，我是不是就不会孤身一个人了。他问过说书先生，瓜沥塘是什么时候建的，为什么那么不牢靠。先生告诉他，这个海塘的历史也很悠久，据说唐朝开元十年（722），当地县令李俊之就开始修了，有好几十里长，只是这个塘是用土筑的，所以不太牢固。他不知道唐代开元是多久，只是记住了海塘是用土筑的，不太牢固。从此，他在沙地里种瓜果的时候，都会背几筐土到江边的塘上，去加一点，拍拍实，感觉这会让人放心一些。

明崇祯九年（1636），尽管北方旱灾严重，但在鱼米之乡的萧山还算是安宁，老街的“殿下埠头”和“外湖埠头”，每天都是船来船往，热闹非凡。沈阿大今年19了，东街的王大娘给他介绍了一个闺女，家在塘内里畈，家里还有几亩水田，人也长得不错。王大娘乐呵呵地跟阿大说："你小子好福气啊，妮子去年在街上买过你种的大蒲瓜，说甜得很，惦记着呢。她家里人说虽然你住在塘外，但人品好，家里又没累赘，也愿意。这个媒保得顺利！"

一番话把阿大说得面红耳赤，赶紧给王大娘塞了个红包，却怎么也想不起，去年在街上买他蒲瓜的小娘子，只是心里甜滋滋的。在王大娘的张罗下，合八字、下聘礼都很顺利。

转眼到了六月，这天闷热得很，阿大到瓜田去干活，走到江堤上，一丝风儿也没有，江水也似乎是凝固住了。乌沉沉的天，倒是堆上了厚厚的云，一团一团地，急速地滚动着。阿大觉得心里闷得慌，总感觉好像有什么事要发生。半夜里，突然一声巨响，雷声把阿大从睡梦中惊醒，接着，暴雨如瓢泼般倒了下来。

大雨接连下了3天，江面上的水不断地噌噌往上涨，上下游的客船也早已躲在埠头中不敢出来了。

"阿大，阿大！"里长穿着蓑衣冲了进来，"赶紧，赶紧，江水太大了，海塘要守不住了，快去帮忙！"阿大随即拎起铁锨、披上蓑衣就跑了出去："我先上堤，你再去叫人！"

不一会儿，东街到南街能走得动的村民都赶了过来。县衙的县丞也赶到了，在县丞的快速组织指挥下，其中一队由航坞山运来土石，另一队用草袋装土堵缺口。在现场忙乱的人群中，沈阿大的身影特别醒目，别人扛一袋，他扛两袋，别人是急走，他是快跑。他似乎完全感觉不到劳累，雨水模糊了他的视线，却依然本能地奔着跑着，只想着把堤塘加高再加高。

萧山县的县令顾棻（读 fēn）也赶到现场指挥抢险，好在大伙齐心协力，瓜沥塘的决口暂时堵住了。顾县令仔细查看现场后，跟大家说："土塘实在是抵不过汹涌的潮水，看来还是必须要修筑石塘。我得尽快给州府打报告，但是，修筑石塘是个非常艰苦的工程，少不得要辛苦大家了！"

众人听了以后，抹着脸上的雨水，战战兢兢说道："太爷，我们听你的。这样的险情实在太可怕了，我们宁可多辛苦一点，免得天天提心吊胆。"

顾县令回衙后就向州府报告，要将瓜沥 200 丈的土塘改建为石塘。建塘的消息一出来，沈阿大就第一个跑到衙门要求服劳役，参与筑塘。从此，他每天天不亮就跑到工地，运石料，凿石块，夯土方，什么活都干，干到天黑才回家。邻居劝他说："阿大，修石塘可要修好几个月呢，你自己的身体要当心啊，你看看你吃不好睡不好，都瘦成什么样子了，马上就要成家了，可得注意。"

"大娘，谢谢你，这石塘不修好，我也没成家的心思啊。没事，我年轻，顶得住。"阿大依然在工地起早贪黑地干活，连顾县令都常常劝他歇一歇。

几个月过去了，石塘已经筑起 1 丈 2 尺高了，眼看就要结顶了。几个塘工抬着一块大条石正要往顶上安放，忽然听到一声惊叫，原来是有位塘工崴了脚，阿大看到了连忙接过了他的杠子，帮着再把条石抬上去。这时，就在离堤岸一步远的地方，脚下的块石突然松动了，阿大一脚踩空，几百斤重的条石连着阿大往江里栽了下去。

"阿大，阿大！"众人惊呼着绕到江边，只见条石重重地压着在江水中的阿大。大家手忙脚乱地挪开条石救出阿大时，他已经静静地闭上了眼睛。“阿大呀，你这是替我死的呀！”那个崴了脚的老塘工哭得十分凄惨。

顾县令也赶到了现场，阿大的邻居哭着说：“修石塘是阿大最大的愿望，现如今他也算是得偿所愿，所以与家人去团聚了。”顾县令被深深地感动了，下令厚葬沈阿大，并给予隆重表彰。

不久，200 丈的瓜沥石塘修筑完成了，顾县令并未满足于此，又给里仁、凤仪两乡提出了各新修 25 里石塘的任务，并承诺之后每年都要继续修筑石塘。这也是瓜沥塘有记载的最早修筑石塘的时间。

塘头，因为海塘而得名。千百年来，人们依塘兴市，倚塘而居，以塘为街，因塘成镇。曾经的塘头，在萧绍平原知名度很高，很多人知道塘头而不晓得瓜沥。今天，塘头、老街依然存在，只是更多了一份宁静与祥和。

出了城门就起堡

杭州以前有句老话，叫“出了城门就起堡”。在杭州沿钱塘江有一大串与“堡”相关的地名，从“头堡”“三堡”到“九堡”等等。要说起这些地名，就不得不说一说清代的浙江巡抚李卫。

清雍正三年（1725），刚调任浙江巡抚的李卫，得到一道上谕，令他查处绍兴府海塘工程贪腐事件。

事情是这样的，原任浙江巡抚福敏给雍正帝上了一道疏：“绍兴府海塘工程，原议皆用条石，后以条石不易购置，期限已迫，遂用条石托外，乱石填中。今恐日后坍塌，仍改用条石，请宽限期，督催改筑。”这一道上疏把雍正帝气得够呛。浙江的海塘工程关系到一省的民生，他从登基开始，一直为浙江的水患担忧。海塘年年修，年年坍，这些官员到底在干什么！石头买不到就该提早禀告，另外想办法，这里面到底有什么猫腻呢？雍正帝就下令李卫彻查。

李卫虽然不是科举出身，大字所识无几，但他为官清廉公正，尤其是胆子大，不畏权贵，勇于任事。这一查还真是查出了一大堆的问题。原来，具体经办海塘事务的和顺，是被皇帝称为“舅舅”的隆科多的人，他在经办海塘事务的时候大肆侵吞海塘工程款，用碎石取代条石，所购条石也是不符合规格的次品。他眼看事情要暴露，就急着让隆科多给绍兴知府特晋德打招呼。这个特晋德也是隆科多举荐的，看在隆科多的面子上对和顺包庇纵容。李卫把事情查实以后，按律对特晋德和和顺进行了处理，并让特晋德赔修，把吃进去的银子吐了出来。在他的震慑之下，浙江海塘修筑工程中的贪腐现象得到了有效的遏制。

雍正皇帝随即下令，让李卫主持浙江海塘的修筑工程。李卫亲自赶赴施工现场对海塘的地基、滩涂等情况进行勘察，并针对实际情况提出了海塘的具体砌筑要求，浙江的海塘工程在李卫的主持下顺顺当当地铺开了。

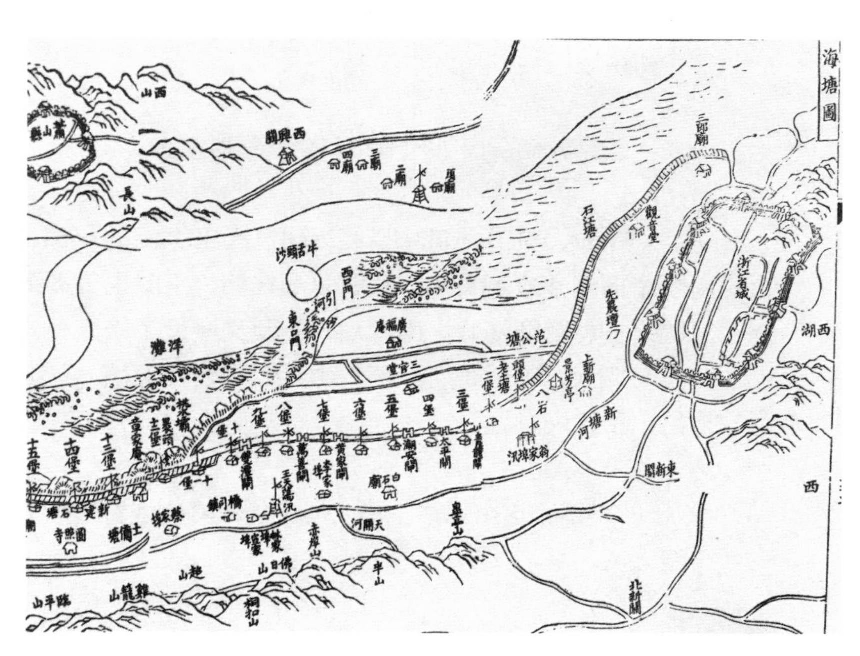

清乾隆四十九年（1784）《杭州府志》中的《海塘图》，可以看到从一堡到十五堡的分布情况

到清雍正四年（1726）七月，杭州、嘉兴、绍兴三府的海塘陆陆续续地修筑完成。

李卫在督理浙江期间，对海塘工程非常重视。经过调研，他认为海塘经常出现大面积毁坏，其中很重要的原因是没有专人管理。杭州钱塘江沿线的海塘从乌龙庙至海宁，有100多里，每个塘段都不一样，只有一个海防同知肯定管不过来。遇到险情更是没法应付，东面塌了，西边坍了，海防同知就是跑断腿也顾不过来。海塘需要修筑时，往往又是临时去招募塘工，招来的人良莠不齐，无论从责任心还是技术上，都很难满足海塘工程的要求。一旦遇到农忙时节，更是连普通塘工、潮工都难以招募。而平时海塘的管理更是麻烦，只能委托当地的甲长、地保看守，甲长、地保也不会亲自去实地，经常雇几个老农民去看看便了事了。没有专人看守哪怕有险情也发现不了，等潮水冲倒了堤岸，这时才会被发现。李卫越想越觉得必须要改变这种情况，否则，就等于往钱塘江里不断白白扔银子。

于是，他召集了师爷和属吏商量对策。

“大人，宋代张郎中曾经组建过捍江营，设5个指挥，每个指挥400名兵士，负责采石修塘，平时也负责海塘的维护，随坏随修。南渡后，朝廷又增设了修江司，也设有厢兵。咱们也可参照，由兵士来管理海塘。”师爷给出了建议。

“不错，这个思路不错，能不能再具体点？”李卫看着大家。

“可以仿照黄河的河防体制，黄河的河防一旦出险，会以挂旗、挂灯和敲锣等方式加以通报，并且有专人管理，已经形成了制度。”海防同知想了想。

“嗯，朱轼朱大人当年向朝廷奏报，海塘需要专员岁修，以保永固，才有了你这海防同知的职务啊。”李卫让大家再仔细地谋划一下，决定要仿照河营兵丁之例，增设官兵专门来管理海塘。

清雍正八年（1730 年）五月，李卫向朝廷上了奏折，要求仿照黄河的河防体制，建立营汛组织。先在北岸设海塘千总、把总各 1 员，兵丁 200 名，分段看守钱塘江东（海宁）西（仁和）两塘。全塘仍由海防同知管理，归杭嘉湖道管辖，同时让杭州的捕盗同知和管粮通判兼顾海塘事务。200 名兵丁从有经验的民夫中挑选补入兵额，其中马战兵 6 名、步战兵 14 名、守兵 180 名，编制

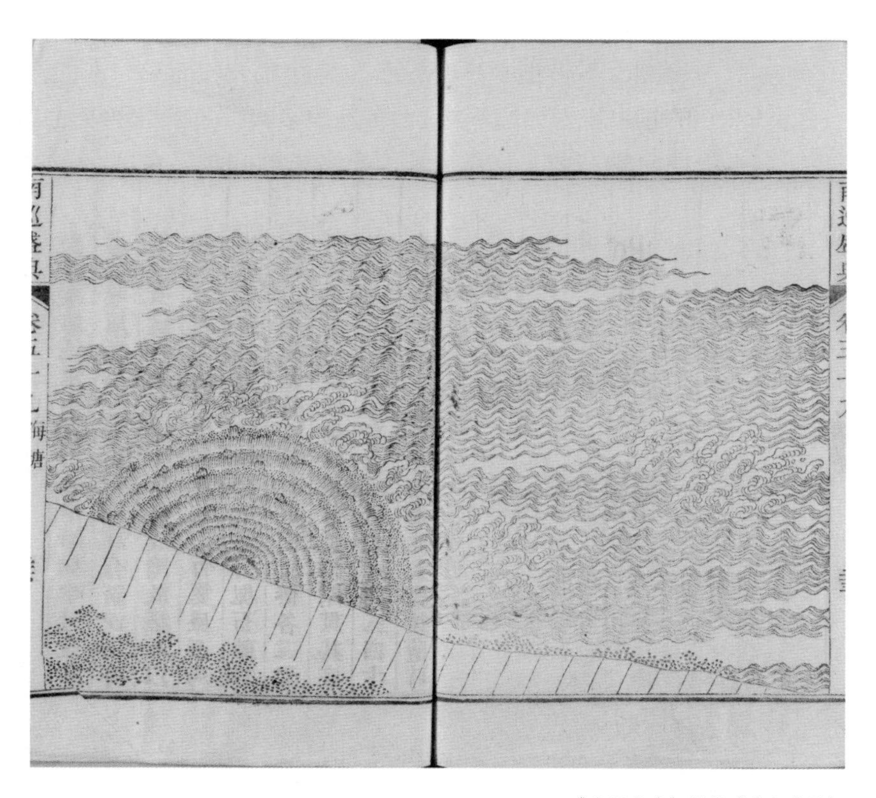

《南巡盛典》所载《柴盘头图》

附入杭协水师营，这就是塘兵。这些塘兵在千总、把总的带领下，不分寒暑昼夜看守和维护海塘，遇到险情时，快速组织实施抢险救灾。这样，一支专业的海塘管理队伍就建立起来了。

清雍正十年（1732）秋天，钱塘江潮水凶狠无比，汹涌的江水自东向西，侵入仁和县界，沿岸的柴塘、石塘都被冲毁，潮水离杭州城区只有二三十里地，情况非常危急。

清雍正十一年（1733）的正月，刚过完新年不久，时任直隶总督的李卫就接到了皇帝的命令，动身赶往浙江，和他一同前去的还有内大臣、户部侍郎海望。

李卫一到杭州马上去察看现场，发现因为钱塘江的海潮，不再走中小亹，而是直冲北大亹而来，浙江沿岸的潮患压力只增不减。他苦苦思索着，心里倍感纠结："修建鱼鳞石塘工程浩大，没有数年时间难以完成，石材成

海塘的柴盘头旧影

本相对要高很多，需要大量的银子保障。如果不修的话，旧塘又到处坍损，十分危险，实在难以确保安全。”

于是，他向雍正皇帝提出建议，在修补旧塘的情况下，在离开外塘一里或者半里的地方先修筑一道土备塘，可以阻挡外溢的潮水，不至于内灌民田，可以减少危害。李卫的这个建议得到了雍正皇帝的肯定，在杭州知府的主持下，土备塘开始修筑，这也算是抵御钱塘江大潮患的缓兵之计。

同时李卫又发现，北岸的海塘从仁和到乍浦有 300 里，原来的 200 个塘兵远远不够，难以全部管理海塘。他又上奏给朝廷，要求专设道员 1 名，加海防兵备副使道的职衔，增加同治 1 员、守备 2 员、千总 3 员、把总 7 员、马战兵 54 名、步站兵 146 名、守兵 600 名，总共兵士达到 800 名。

这些塘兵就从北岸乌龙庙八仙石到平湖金丝娘桥，分左、右两个“营”，共十二个“汛”，分段驻守。其中乌龙庙是个管理的节点，以西为江塘，以东为海塘。这十二个“汛”分别是：八仙石、章家庵、翁家埠、观音堂、老盐仓、靖海、镇海、夽（读 yīn）里亭、尖山、澉浦、海盐、平湖。每个“汛”设立堡房，作为塘兵们驻守、休息的地方，塘兵轮流看守，巡查海塘，随时修补。

随着钱塘江水情的变化，“营”“汛”划分和兵员人数都有所调整，到了清乾隆四十九年（1784），北岸共设了七汛九十四堡，一直延续到清光绪三十四年（1908）塘制改革为止。

有了专门的海塘管理机制，浙江的潮患得到了有效的抵御与缓解，沿海沿江居民免受海潮灾害，生活逐渐安定。百姓们非常感念李卫的大恩，就在李卫和海望一同视察海塘的时候，有百姓发现了李大人，沿途的乡民以为李卫又重回浙江任官了，高兴得奔走相告，竟出现了百姓蜂拥而至绵延数十里，额手相迎、欢声应天的动人场面。雍正帝对李卫为民办实事的作风非常肯定，说："时天下督抚，朕于心关切者，鄂尔泰、田文镜、李卫三人耳。"李卫又被称为"模范督抚"。

堡房最初的时候也是标注地名的，后来为了方便管理，干脆就以堡房顺序为名字，从头堡开始，三里一个堡。海宁也有堡，只不过他们跟杭州的堡是分开计数的。随着时间的推移，堡房附近人口慢慢集聚，有的地方甚至形成了集镇，人们也习惯用堡来作为日常的地名了，七堡、九堡都成为沿江的热闹集镇。因为头堡八仙石就在清泰门[1]外，杭州人就有了"出了城门就起堡"的俗语。每次看到"堡"这个地名，自然会想起李卫在浙江为老百姓所做的好事。

①清泰门：始筑于南宋高宗绍兴年间，宋时称为崇新门，因门内有荐桥（亦称箭桥），故俗称为荐桥门。元末至正十九年（1359年），改筑杭城，从艮山门到清泰门向东延展出3里，把原在宋城城外的几条小河（包括今天的东河在内）包络入城内，并利用五代吴越国时的南土门旧基改筑新城门，因此称为"清泰"，意为"政清国泰"。原址位于今天杭州市清泰街与环城东路交叉口东侧。

观音塘与碑亭路

在杭州，有一个美丽的爱情传说“梁祝化蝶”，千余年来流传至今，被誉为中国最具魅力的爱情绝唱，也是唯一在世界上产生广泛影响的中国民间传说。传说梁山伯与祝英台“十八相送”，从万松书院经过观音塘到七甲渡口，在钱塘江边依依作别。

在杭州观音塘附近有两条路，分别叫石塘路和碑亭路。观音塘、七甲渡、石塘路和碑亭路，都和钱塘江塘的修筑息息相关。

钱塘江潮水自古便凶猛无比，每当大潮来袭，千里沃野就变成一片泽国，杭州历来深受水患之苦。自唐代以来，杭州人就沿钱塘江修筑江塘以抵御潮水，最早的时候夯土筑塘，后来发明了竹笼石塘，再后来又修筑了柴塘，江塘逐步变得牢固起来了。之后，还在主塘后面修筑土备塘，做到了对潮水的多层堵截。即便这样，杭州还是时时遭到潮水侵犯，尤其是观音塘这一带，正好是钱塘江的一个大转弯角，江塘经常会被潮水冲垮。

传说当年沿钱塘江修筑江塘，常常是日修日塌，险情不断出现，每次好不容易修到半人高了，潮水一来就像酥糖一样“融化”了，塘工们真是苦不堪言，无奈望江兴叹。

有一天，筑塘工地上突然来了位身穿白色长衫的女子，塘工们正在生闷气，个个显得很不耐烦，心里嘀咕道：“筑塘工地，你一个女人来凑什么热闹！”可那个白衣女子一点也不介意。

这时候，又起潮了，潮水轰隆着冲了过来，眼看着刚筑起的堤坝又要坍倒了，只见那个白衣女子走到江边，用衣袖一挥，潮水竟然倒卷着退走了，堤坝外面还涨出了一大片滩涂，塘工们瞬间都惊呆了。那白衣女子笑着说：“你们还不赶紧继续施工啊。”大家这才回过神来，

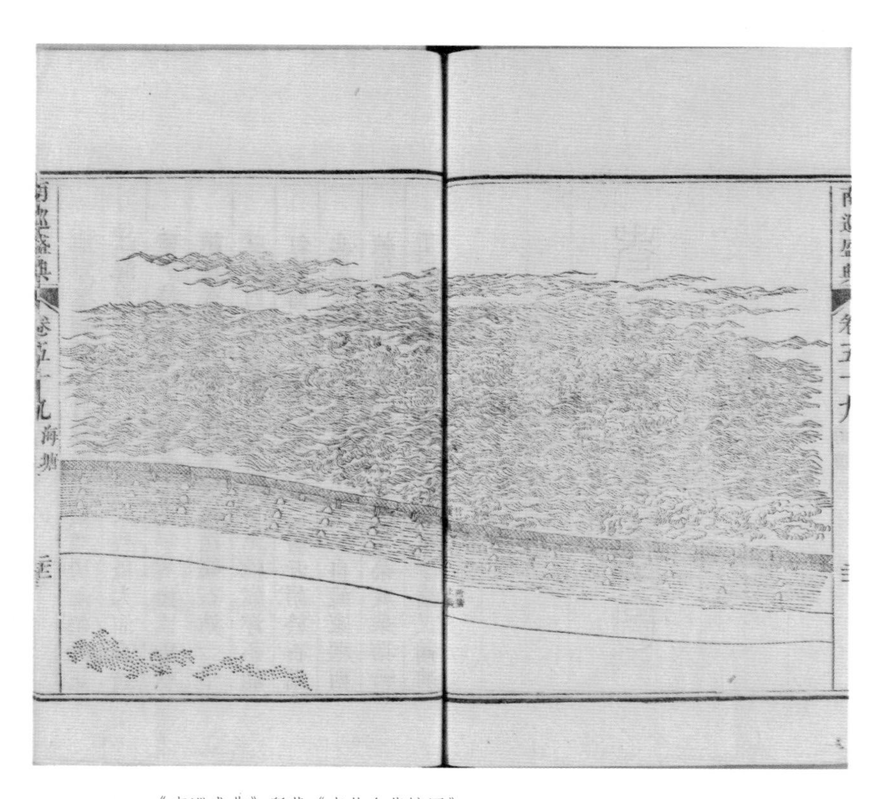

《南巡盛典》所载《老盐仓柴塘图》

在工头的指挥下加快行动，这一次是想不到的顺利，堤塘慢慢地向两头延长。这时，塘工们惊奇地发现，那个白衣女子不知道什么时候不见了，大家这才恍然大悟，想必是观世音菩萨现身，出手帮助了咱们吧，也有说是观音菩萨向龙王借了地了。

江塘修筑完成后，父老乡亲商量决定，这一段江塘就称为“观音塘”，同时在江塘边上新建了一个“观音堂”，用来供奉观世音菩萨，感谢菩萨的恩德。观音塘段自修成后便一直风平浪静，于是，人们就在堤塘外修筑了一个渡口，杭州人要是去普陀山烧香拜佛，都会从这个渡口上船出发。据说只要从这里上船，旅途都会顺顺利利，这个渡口也被称为“观音渡”。

但是，钱塘江长数百里，仅有观音塘段的平静与安宁，显然还是远远不够的，需要修筑更长的江塘来护卫家园。

乾隆三十九年（1774），浙江巡抚三宝奏请朝廷修建仁和江塘，乾隆同意了他的奏请，拨了10万两银子。可是，没等江塘修筑完成，无情的潮水又肆虐了沿江沃野，其中乾隆四十一年（1776），仁和县坍没了沙地19顷39亩，潮水冲入田地又毁坏了36顷78亩，大量的盐灶地也坍没了。

巡抚三宝赶紧上奏乾隆皇帝，要求增加修筑仁和观音堂到三堡中仓的江塘，朝廷同意了，这回又拨了15万两银子。但是，乾隆皇帝在第四次南巡，视察浙江海塘的时候发现，从老盐仓往西以上都是柴塘，下谕旨要求全部改成石塘。三宝给乾隆上疏说：“时方大汛，未宜更动。当于柴塘内下椿筑石，而以柴塘为外护。”乾隆听了以后觉得有道理，同意保留原来的柴塘作为双重保障。

当然，石塘还是要修的，这项工程就落到了前署布政使司今按察使徐恕、按察使司孔毓文和杭州知府的头上。可是，如果全部修筑成石塘，就手头这些钱显然是不够的，这下可把几位大人给难住了。再向朝廷要吧，皇上已经把去年受灾田亩的赋税和 500 多两灶地课银都给免了；向百姓收税吧，家家户户已经饱受灾难，再收税也开不了口啊！

徐恕想来想去没有个头绪，就和孔毓文商量："孔大人，我看修海塘银子的缺口只有我们自己想办法了，你我带个头，发动大家捐一点吧。"

"嗯，这也是善举啊，既然朝廷命我专责海塘事务，这塘修不好，我也无颜面对百姓，我就捐半年的俸银吧。"孔毓文也觉得这个办法不错。

"好，我们把所有的官员、吏属都发动起来，也有上百号人呢，大家一起来出力！"

几位大人的想法也得到了杭州知府的响应，在他们的带领下，浙江和杭州府所有的官员、属吏很快都加入了这个行动，有捐 1 个月的，也有捐 3 个月的，大家既热情又积极。孔毓文深受鼓舞，让随从把每个捐款的官员的名字、职务全部记录下来。

很快，短短半月就筹集到了一笔不小的经费。江塘的修筑也进行得很顺利，他们一路添建竹篓，加筑条石，修补缺口。同时在施工中发现，从观音塘往北到乌龙庙这一段，塘号从巨字到淡字共计一十八号，这一段都是石塘，还是宋代时候张夏所修筑的叠石塘，基础非常牢固，只要加高修补即可。浙江巡抚三宝专门写了《观音堂塘工记》，把这次筑塘的事情记录了下来。

乾隆四十二年（1777），这段江塘修筑完成了。虽然修得并不是很长，但这一段江塘离杭州城门很近，这段江塘的牢固程度，直接关系到杭州城市的安全。从此，杭州人又可以兴致勃勃地从观音渡乘船去普陀山了。

为了表彰浙江官员们捐资襄助海塘修建的善举，浙江抚台专门镌刻了一块石碑，安放在新修成的江塘边。这块石碑有 200 厘米多高，80 厘米宽，记载了捐资修建海塘的过程。随着岁月的流逝，字迹已经漫漶，但碑身上还依稀能辨得出，“前署布政使司按察使徐恕、前署按察使司今署布政使孔毓文、前署杭州府知府卫诣、前署西海防同知张图南、宁绍运副罗兴尧、仁和县知县胡知亮”等字样，这些就是当年浙江及杭州地区，捐献俸禄修筑海塘的官员的官职及姓名。

百姓们为了纪念他们的清廉和功绩，后来又出资修筑了一个碑亭，用来保护石碑。碑亭用青石制成，占地面积约 9 平方米，东南向。下面用石板铺设台基，四根方形石柱立在台基上，三面围上了长条石凳。亭子的前额有块小额枋，正面枋上雕刻了“二龙戏珠”图案，枋

清乾隆四十二年（1777）修筑海塘时立的碑亭，内有记事石碑

上安上了如意纹的柁墩，与柱顶共同承托大额枋。正、背立面的大额枋上再放置斗拱，承托亭顶。亭顶檐角起翘，檐口装饰了勾头滴水，正脊还雕刻了镂空花纹，十分精美。石亭的搭建采用的是榫卯工艺，各个构件之间用一种凹凸结合的连接方式，碑亭就是将榫卯结构用在了石头上修建成的。这个地方被大家习惯叫做“碑亭边”。

随着钱塘江江道的继续北移，这一段江面不断淤涨，慢慢地堤塘成了人来人往的大路，这条路就被叫作“石塘路”，而从碑亭边经过的小路理所当然地成了“碑亭路”。

2016 年 7 月，在碑亭路两侧进行了考古发掘，揭示了这段海塘特殊的“身世”。发现的石塘迎水面自上而下分为三组：第一组为清代修筑，石条打磨平整，纵横错置平砌，紧凑致密，石条间以铁锭相互衔接，使用鱼鳞大石塘的砌法；第二组石条略显粗糙，纵向错缝平砌，局部竖砌，似有王安石陂陀石塘砌法的痕迹；第三组与第二组相类似，应该都是宋元时期砌筑的。这是杭州首次发现宋元石塘的实物，尤其是同一条海塘不同时期的叠压状况，为研究钱塘江塘线的变化和杭州城市变迁提供了重要的依据。

塘工局路说塘改

光绪三十四年(1908),内忧外患。各国列强入侵中国、企图瓜分中国的狂潮不断，国内吏治腐败，革命党的民主运动此起彼伏，一浪高于一浪。

自从戊戌变法失败后，慈禧太后再次掌控了朝廷的权柄，光绪帝每次临朝形同木偶，臣工奏对时一言不发。有时慈禧太后示意要他表态，也不过说个一两句，但他有意振兴中国的决心始终没有改变。在历史大势面前，慈禧太后也不得不有所退让，六月二十四日，面对各界要求召开国会的呼声，清政府批准了宪政编查馆拟定的《各省咨议局章程及议员选举章程》，诏令之下，各省开始议员选举。八月初一，迫于压力，颁布了《钦定宪法大纲》。变法所推行的新政措施在一步步地恢复，改革势在必行。

始于雍正朝的钱塘江海塘营汛制度也随着整个社会的朽腐变得千疮百孔，浙江省海塘沙水情形图依然每月送到皇上的案头，而海塘却已摇摇欲坠。这年的潮汛从梅雨季节开始越来越大，每次大潮袭来都漫溢过海塘，坦水盘头受损巨大，百姓惶恐不安。五月，当地的乡绅朱宝笙就召集众位士绅集体商议对策。

有的说："应当先从权宜入手，将最要紧的盘头、子坝、坦水等先修起来。"

有的说："普修柴坝各工程才是正本清源之策。"

还有的义愤填膺地揭露海塘工程积弊滋生的缘由，愤愤地说道："杭州知府政务繁忙，根本没有功夫来管海塘的事情，从来都没有到海塘上来过，下面的人就更肆无忌惮，虚报，乱报，什么都有，欺上瞒下就成为常态。"

大家越议越生气。

这年的七月，御史吴纬炳在了解到浙江海塘的真实情形后，给朝廷上了奏折："臣风闻各处工程有领尤险之银办最险之工，领最险之银办次险之工。层层剥削，年复一年，而保固期限内如有坍损，慝（读 tè）不报，巧为规避……"这个奏折一上，震惊了朝野，就在光绪初年时，朝廷动用过国库帑币修过浙江的海塘。光绪皇帝也十分震惊，当即下谕给军机大臣："有人奏'浙江海塘坍损，溃决堪虞，请饬（读 chì）亲勘派员督修'一折，所陈各节关系民命，著增韫详细查看，力除积弊，妥筹办理。"

浙江巡抚增韫是个实在人，向来办事认真。接到上谕后，亲自跑到海塘上详细查看海塘损毁情况，并委派廉洁能干的官员驻塘监修。他划分工程段落，详细规画图纸，准确估算工料，严定完成限期，海塘修筑中的积弊一律予以剔除，没过多久，海塘修筑工程如期完成。

增韫认为要对海塘工程尤其是管理和组织机构进行改革。当年的八月十八日，增韫来到海宁祭潮，就在海神庙两次召集官绅开会商议，他听取了官绅们的意见与

海宁海神庙御碑亭

建议，打算从三个方面着手改革：一是在海宁州设立海塘工程总局，附设工程队一队，专门负责海塘工程；二是裁撤三防同知海防一营，设立海塘巡警局，专门负责海塘巡查；三是遴选沿塘的有威望的乡绅，设立塘工议事会，专门负责调查。

光绪三十四年（1908）十月，光绪皇帝和慈禧太后相继去世。十一月初十，增韫向朝廷如实地报告了海塘工程的情况："积弊所在，厥有三大端：一曰官如虚设，难资整顿；一曰稽查不周，酿成危险；一曰舆情隔阂，纠正无人。”针对这些弊病，他向朝廷建议，要进行“塘制改革”，奏请在海宁州设立海塘工程总局，并提出了遴选廉干道员为总办，总办必须驻海宁总理局务，设立塘工议事会等详细的改革方案。

“塘制改革”的建议得到了当时的摄政王载沣的认可。光绪三十四年（1908）十一月十九日，也就是公历 1908 年 12 月 12 日，朝廷正式批示成立浙江海塘工程总局，第一任“局长”由塘制改革前曾三任塘工总局驻工督办的李辅燿担任。总局早期的主要职责是修建海塘、抵御潮灾、护卫江南水乡平原。其管理范围自仁和县乌龙庙至海宁州谈仙岭止，共五十一堡。下面还包括了监察、文牍、筹办（材料）、测绘、会计等部门，并附设工程队和工程讲习所。

次年，浙江省成立了谘（读 zī）议局，并于九月初

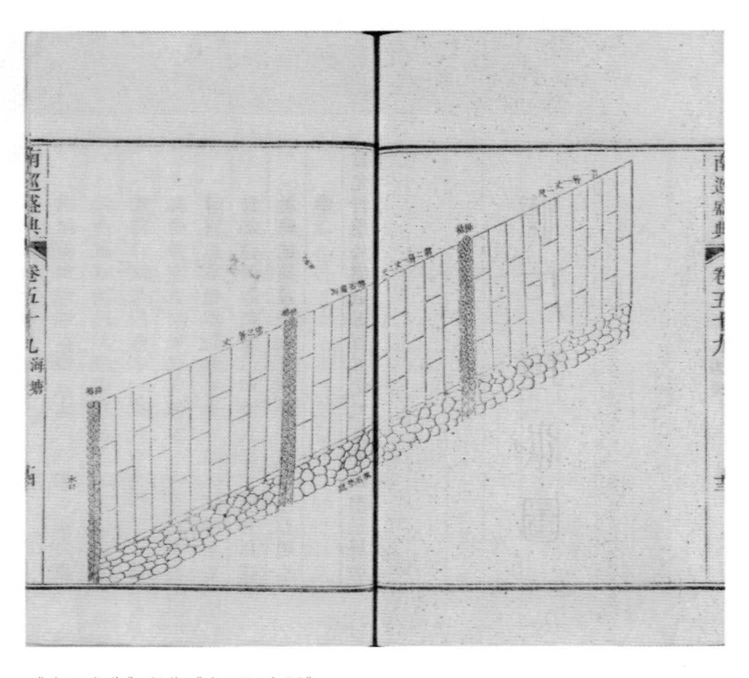

《南巡盛典》所载《条石坦水图》

一召开了第一届常年会，对教育、农田、财政、水利等各个方面都进行了讨论，在钱塘江海塘工程的许多问题上也进行了咨询并提出了新的方案。浙江巡抚增韫将海塘情形开列清折呈请谘议局会商，终于在工程、物料、局员、工程队、报销、取土、新法和办法八个方面提出了议决办法，进一步推进了海塘工程章程制度的改革。

塘制改革后，海塘的管理与组织方面得到了不断的改革创新，在技术上也有了改进和突破。开始聘用外国工程师、学习外国工程技术、在海塘中使用“水门汀”以进一步改进塘工技术、引进新机器等。1909年，在海宁、仁和一带尝试改筑混凝土塘，没有成功。1912年，在海宁试建了预制混凝土块坦水。此后逐渐开始建设混凝土塘，老百姓称之为“洋灰塘”。

1927年，民国政府改组了海塘工程局，成立“钱塘江工程局”，办理钱江塘岸及滩治事务。1945年，抗日战争胜利后，民国政府组建浙江省钱塘江北岸海塘抢修委员会和工程处。1946年8月1日，恢复成立了浙江省钱塘江海塘工程局，原来的塘工局改为杭州海塘工务所，茅以升出任钱塘江工程局局长，主持修复因战争遭受严重破坏的钱塘江海塘工程。他聘请了我国第一所培养水利专业人才的高等学府——河海工程专门学校毕业生汪胡桢担任总工程师，董开章、周承濂、华冠时分别担任分段主任，以及沈宝璋、齐寿安、黄俅等若干“河海”毕业生参加这一工程，钱塘江边汇集了当时国内最优秀的水利专家。在茅以升和多位工程专家的共同努力下，钱塘江海塘得以顺利修筑，平稳渡过了汛期，保障了杭州城市的平安。1950年，华东水利部在杭州设立“钱塘江水利工程局”，负责钱塘江流域管理。1973年改名为“浙江省钱塘江管理局”。

这些机构的名称虽有变化，但它们的简称都叫“塘工局”。当时的塘工局就坐落在钱塘江边，2000 平方米的一个小院子。院子西侧高高矗立着一架测风仪，测风仪由风速转轮和风向标指示仪组成，转轮一动就会发出嗖嗖嗖的声音。测风仪顶端挂一面红色三角旗，一年四季天天迎风飘扬，这面三角旗成为钱塘江上的特殊航标。塘工局的建筑非常有特色，是一个铁皮制“圆筒式”的房子，这个房子外表虽然不起眼，但里面设施还是相当不错的，室内铺着洋松地板，用隔热帆布吊顶，黄铜天窗，冬暖夏凉很舒服，据说澳大利亚籍总工程师白朗都在这里住过。这样的建筑，在当时的钱塘江边独一无二，非常引人注目，当地百姓都叫它“外国房子”，这房子也成了当时周边交通及方位的一个醒目标志。

随着城市的发展，塘工局的房子被拆掉了，塘工局也渐渐淡出了人们的记忆。2013 年，杭州市地名办将在塘工局原址边建成的车站南路命名为塘工局路，让这段历史记忆又重新回到了我们的生活中。

盐课司乔迁成名

“破晓出城闉（读 yīn），长堤接海滨。嫩沙澄曙日，疏木逗新春。盐灶田田卤，柴塘处处薪。安澜知有庆，何以报潮神。石砌鱼鳞密，桩排雁序齐。射潮何用弩，防海只需堤。路拥青杨直，天连黑水低。旧游今再过，陈迹有鸿泥。”这是清代曾任兵部主事的李鼎元的一首诗《由杭州沿堤至海宁》，讲的就是从杭州出城门沿范公塘去海宁，诗中的长堤指的是范公塘，也就是今天的老杭海路和翁金线。诗中描述他沿途所见，既看到了气势雄伟、工艺精湛的海塘，也看到了维系沿江百姓重要生计的盐田、盐灶，感叹海塘护卫百姓安居乐业、乡村和谐兴旺的景象。

钱塘江因为下通大海和涌潮的原因，江水的含盐量很高，在很早的时候，人们就在沿江刮卤制盐或煮水为盐。因此，在钱塘江沿岸留下了许多与“盐”有关的地名，如海盐、盐平、盐官、盐仓等。也有人说杭州的余杭、宁波的余姚，甚至杭州的萧山等，这些地名同样都跟盐有关，因为“余”为越语，越人称盐为“余”，当然，余杭、余姚、萧山这三个地方历史上都产盐。但是，有一个杭州人都很熟悉的地名，从字面上看不出来，其实也跟盐有关，那就是“乔司”。

今杭州临平往南18里左右，当时距杭州府约50里，有个村镇，与海宁县相邻，以前叫仁和镇，从宋代开始改叫汤村镇[1]。这个地方濒临钱塘江，在潮水的日夜的冲刷下，形成了一大片滩涂，当地百姓就在滩涂上煮水制盐。宋代的时候，已经成为相当有名气的盐场，人们在江边的滩涂上专门制盐卤，在海塘的里侧，离江远一点的地方，修建团座[2]。团内有盐灶、盐仓等设施，分别用来煮盐和储盐。汤村的盐用铁盘盛卤，山柴煎煮，色白粒细，白中带青，色泽漂亮，味道稍淡，但十分鲜美，很受杭州人的喜爱。制盐业成了当地百姓的重要生计，也是朝廷赋税的重要来源。但是，白花花的盐制成后，却因运送不便，让汤村的盐民们困顿不堪。

原来，汤村盐的运输，一直依靠镇南边的一条河——运盐河。运盐河的河道非常狭窄，而且河道周边土质松散，这些松散的沙土使得狭窄的河道经常堵塞。近几年，更是由于天气干旱，河水减少，有些地方甚至露出了河床，运盐河几乎无法行船。盐民们守着一筐一筐的盐，真不知该如何是好，只能盼着老天爷快点下大雨，好让河道里的水满起来。

第二年，临近年底，朝庭来了道命令，要征收十万担盐。负责处理盐仓、盐场政务的盐仓监非常着急，但也一筹莫展，就想着能不能挖一挖这运盐河，让盐早日顺利运出来。

北宋熙宁四年（1071），苏轼因为反对王安石变法，被贬到杭州担任通判。疏浚运盐河的“苦”差使，便落到了他的头上。

初冬时分，苏轼奉了上司的命令，来到汤村镇督役开河。他骑马赶到了开河工地，天正下着靡靡细雨，河

①汤村镇：古镇名。宋《乾道临安志》载：汤村镇“本仁和镇，端拱元年改隶仁和县。”北宋苏轼开汤村运盐河，后升为汤村镇。明永乐十一年(1413)汤村镇为海潮所陷，后复涨为平陆。清顺治年间，改名为乔司镇。

②唐乾元元年（758），朝廷将盐民编为特殊户籍，专门负责制盐差徭，免除其他杂役。因采用的是海水煎盐法，煎盐必设盐灶，服役的盐民又称灶丁。宋熙宁五年（1072），为加强管理，灶户三至十灶为一甲，五户为伍，十户为什，相互监督。到元代实行了“团煎法”团灶周围有围墙、壕沟，并派军队把守，严加管理。集中煎盐的地方又称为团座、团舍。

道的两侧道路狭小，坑洼泥泞，人、马、车挤作一团，民夫们叫苦不迭。深知百姓疾苦的苏轼，看着眼前这一幕真是于心不忍，但又明白盐务的紧急和盐的外运对百姓的重要性。他怀着十分复杂的心情，写下了《汤村开运盐河雨中督役》：“居官不任事，萧散羡长卿。胡不归去来，滞留愧渊明。盐事星火急，谁能恤农耕。薨薨（读 hōng）晓鼓动，万指罗沟坑。天雨助官政，泫（读 xuàn）然淋衣缨。人如鸭与猪，投泥相溅惊。下马荒堤上，四顾但湖泓。线路不容足，又与牛羊争。归田虽贱辱，岂识泥中行。寄语故山友，慎毋厌藜羹。”真实记录了民夫冒着冬雨开河的艰辛场面。

苏通判决心坚定，必须尽快完成开河工程，尽早解决盐民眼前的困难。因此，他晚上也不回城里的衙署，就在工地附近居住。皋亭山脚下的水陆寺，既是工程指挥部，也是他的住所，真可谓是殚精竭虑、不辞辛劳，每天亲自督工，直到工程完成。

运盐河终于疏通了，汤村之盐源源不断地运入艮山门外的盐仓，盐场的课税也充实了国库。

南宋嘉熙三年（1239），钱塘江潮水直接冲到离岸还有几十里的地方，不仅冲毁了整个盐场，曾用作督工指挥部的水陆寺也被冲垮。到了明永乐十三年（1415），钱塘江大潮将整个汤村镇都淹没了，汤村镇被迫内迁，迁到了桐扣山脚下。

春去秋来，潮涨潮落。世代沿江而居的人们与潮水的抗争从未间断过，汤村的百姓也是如此，在钱塘江边筑起了一道又一道的堤塘阻挡潮水，片片盐田再次出现在江边。人们沿着江堤将滩涂围出了一围、二围、三围，并在三围建起了团舍，这里依旧成了白雪铺地、咸鲜飘香的盐场。汤村镇因为盐业的兴盛在南宋时就成为钱塘、仁和两县著名的十五个镇市之一，盐业一直是这个钱塘江边村镇的重要产业。

清朝的盐法沿用了明朝的制度，由中央户部管理全国盐务，盐政之权分设到各个省。清顺治二年（1645），在扬州设立两淮巡盐察院署和两淮都转盐运使司，后改称盐政。盐运使以下分别设置有各种官员和衙署，掌管政令、征课、批引、掣放等盐务。

清顺治年间，汤村一带盐业的兴盛，使得整个市镇经济非常繁荣，朝廷便将管理盐务的盐课司搬迁到了汤村镇。盐课司的设立，更使得汤村镇的地位和知名度得到进一步的提升。为了庆祝这一盛事，当地官府把汤村镇改名为“乔司镇”，取盐课司乔迁之意①。这个地名一直沿用至今。

盐业与海塘的关系当然是十分密切了。由于钱塘江江道变迁，时有坍涨，潮灾频发，草荡和煎盐地受潮灾的影响非常大，有些盐场被毁后就不复存在了。海塘的修筑不仅护卫了塘内的耕地，更好地保护盐场的团舍，同时对海塘外的荡地也是一种庇护，潮灾过后能较快地恢复和淤涨。因此海塘修筑后，往往塘内垦成熟地，塘外开辟盐场。明人陆杰的《盐运河记》中就记载：“平湖东去海塘仅五十里，塘以外斥卤，内则为荡，荒茅无忌，夜惟煮海，在汉已然，宋置榷场于广陈。”可以说海塘的修建与盐业息息相关，清代孟骙（读 kuí）在《塘成歌》中也有“堤长沙阔万灶兴，熬波出素堆白雪”的句子。

而盐课盐税也成为清朝修筑海塘经费的重要来源。乾隆年间，朝廷多次划拨盐务引费用于鱼鳞石塘的修建。到光绪朝，盐课收入成为政府所拨海塘经费的主要来源。

①据清康熙《杭州府志》载：明永乐十一年（1413）曾为海潮所滔，清初设盐课司于此。乔司之名，取盐课司乔迁之意亦顺理成章。

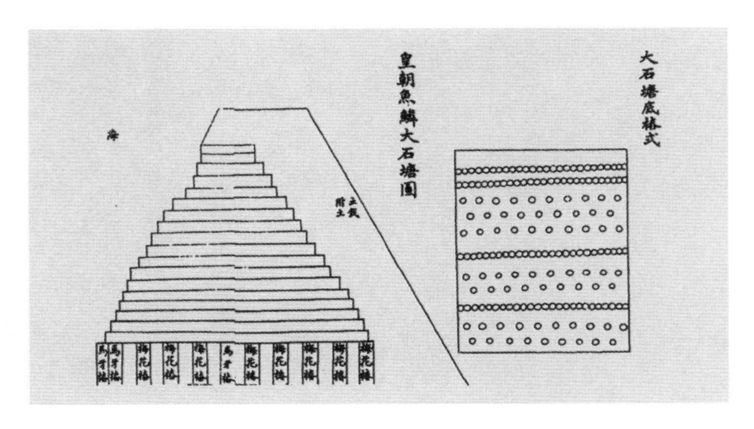

《海塘录》所载清十八层鱼鳞大石塘塘式及桩式图

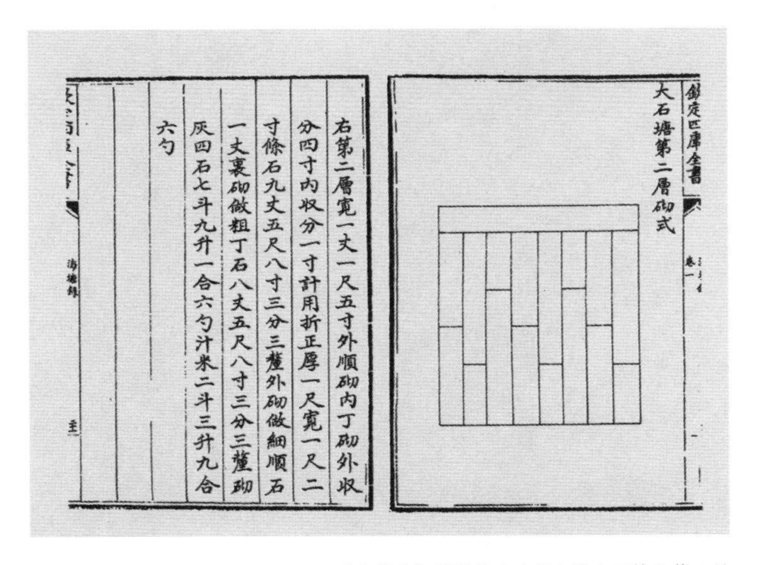
欽定四庫全書
大石塘第二層砌式

右第二層寬一丈一尺五寸外順砌内丁砌外收分四寸内收分一寸計用折正厚一尺寬一尺二寸條石九丈五尺八寸三分三釐外砌做細順石一丈裏砌做粗丁石八丈五尺八寸三分三釐砌灰四石七斗九升一合六勺汁米二斗三升九合六勺

《海塘录》所载清十八层鱼鳞大石塘之第二层

乔司镇外修筑有数条海塘，有土备塘、柴塘，也有清乾隆四十九年（1784）修建成的鱼鳞石塘。2021 年，在乔司镇附近的杭海路临平段，考古发现了有史以来规模最大、保存最完整的一处古海塘遗址。石塘高度达 6 米多，铺砌的石条达 18 层，距石塘约 20 多米处的石塘底部迎水面，有柴草和夯土等做成的埽坦，前面还有 100 多米长的柴塘。这些发现，再次为我们展示了数百年前钱塘江沿岸人们与江潮共生的真实场景。

第四章

逸事：斜阳余晖唱还乡

皋亭石宕留神力

很早很早以前，那时的杭州还是一片汪洋，在茫茫的大海边矗立着一座陡峭的高山，山峰嵯峨黛绿，终年云雾缭绕，据说这是一个修仙得道的好地方。

传说有一个叫王子安的高人，当年就是在这里修炼得道成仙的。子安骑着仙鹤在山顶上空盘桓一圈，驾云而去，空中祥云缭绕，彩霞满天。据说后来的道教宗师“活神仙”吕洞宾，也曾经到这里修炼过。

虽说黄鹤一去不复返，但神仙们修炼的道场，那一花、一草、一木、一石可都充满着灵气。有一个上古神祇“皋亭神”，见这里水光潋滟、山色空灵，于是就在这里驻留了下来。后来，此山就叫“皋亭山”。

皋亭神也成了居住于皋亭山上古族群的信仰之神，保佑他们风调雨顺、人寿年丰。慢慢地，随着江边泥沙的增涨，钱塘县也变得越来越喧闹，而只有皋亭山依旧幽静而神秘。

钱塘江边的钱塘县，老百姓捕鱼捞虾、耕地种田，生活也算安宁，唯一让人担惊受怕的就是钱塘江的喜怒无常。据说钱塘江里有潮神。这潮神性情暴躁，一不高兴就要兴风作浪，经常要到岸上去抓吃鸡鸭、牛羊，尤其是农历八月十八过生日的时候，潮神上岸抓吃小孩，更是让岸上的百姓心惊肉跳。岸边的百姓苦不堪言，但对潮神又无可奈何，每逢八月十八总是要举行各种祭祀，希望潮神能放过他们，但潮神是祭品照收，威风照耍。

后来，钱镠当了吴越王，了解到当地百姓的这种惨烈状况，非常愤怒，下决心要好好惩治潮神。钱镠当年还在贩私盐的时候，就曾经和钱糖江的潮神较量过，三扁担打得潮神狼狈逃窜，现在当了吴越王，更不能让百姓受欺负。就在潮神生日那天，他亲自带头，命令 3000 士兵向往岸上扑来的潮神射箭，把潮神彻底打败了。潮神虽然被打得灰溜溜地跑了，但是，他每个月还是会偷偷地到岸上来溜达一圈。为了彻底不让潮神上岸，钱镠决定全面修筑海塘。

原来钱塘江土做的堤塘，对潮神来说没有什么作用，潮神经常会派出小喽啰来搞破坏，这里挖几个洞，那边冲几条沟，大潮水一来很快就崩塌了，钱镠决心要修建一道石塘。

“因为潮神威力巨大，只有找到有神力的东西才能抵御它们。”钱镠心里盘算着。于是，他命人从遥远的山上伐来了湘妃竹。据说这竹是上古的神物，当年舜帝听说有九条恶龙危害百姓，千里迢迢赶去为民除害，最后斩除了恶龙却劳累而死。而他的两个妃子娥皇和女英，为寻找舜帝一路走一路哭，血泪落在山上，就长出了湘妃竹。

那么石头呢？钱镠犯难了，到哪里去找有神力的石头呢？这时他手下的大将和他说：“大王，你还记得我们当年在皋亭山上建兵寨吗？那皋亭山，可是神仙修炼

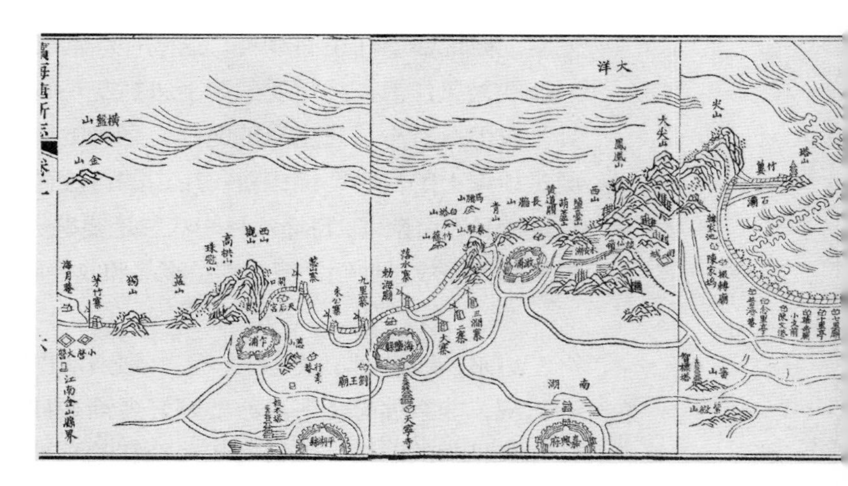

清代杭嘉湖海塘全图

做过道场的地方，肯定有神力呀！”

“对呀，我怎么把皋亭山给忘了！当年杭州城连续大旱，杭州刺史白居易，专门跑到皋亭山去向皋亭神祈祷，终于把雨求下来了，还写下了千古传诵的《祝皋亭神文》。嗯，就用皋亭山的石头了。”

于是，钱镠就带着士兵往皋亭山采伐修筑海塘的石料。他先来到了皋亭神庙，摆上供品，亲自向皋亭神恭恭敬敬地上了三炷香，口中念道：“为了打败潮神保护钱塘江沿岸的百姓，要动用皋亭山上的石头，希望皋亭神能够赐予神力，抵挡潮水，保佑百姓。”祈祷完毕，只见三炷高香的烟雾笔直地往神像方向飘去，消失在神像里。

“好！皋亭神这是答应了！”钱镠就命令士兵开始开山取石，顿时一片叮叮当当的声音在山坳回响。

“大王，大王，这石头实在是太硬了，我们怎么也撬不动，这可怎么办？”士兵们喊叫起来。

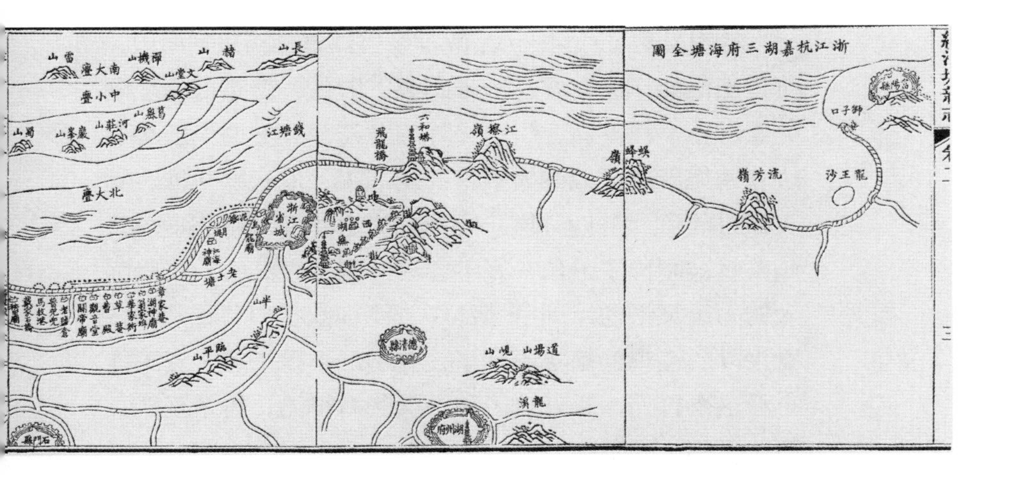

钱镠赶忙走了过去，只见一群士兵扶着铁钎，正用大锤子使劲地往下砸，可白色的石头纹丝不动。

钱镠一看，十分恼火，大喊一声“我来！”，左手抓过铁钎猛地往大石头上面插了下去，右手抡起大锤，大喝一声：“皋亭神，你言而无信！你既为神祇，就该保佑一方百姓，我钱镠的供品岂是那么好用的！”话音未落，只见这块大石头应声而裂。

这回，皋亭山石变得非常顺服了，士兵们很快就从山上采下了大量的石头，采石形成的石宕就像一张巨大的嘴巴，在高喊着为他们加油。士兵们把一堆一堆的石头运到了江边，再把石头装进用湘妃竹编成的笼子里，然后抬到江堤上，用竹子连接成几十丈长，一层一层垒砌在一起，再用木桩加以固定，捍海大塘就这样修成了。

看着一天天长高的堤岸，潮神非常地紧张，每天都要过来看一看。听说士兵用竹笼装上石头垒在岸上，潮神哈哈大笑：“把石头装在笼子里，有什么用？我几下就能让你四分五裂！”

转眼又到了八月十八，潮神亲自驾着潮头来到岸边，可是当他离岸还有好几十米距离的时候，就觉得身上到处像针扎一样疼痛，眼前一阵阵发花，只觉得无数小石块飞速集聚成巨大的磐石直扑他而来，他双腿一软，潮头顿时散了。潮神不甘心，再次往岸边冲来，刚碰到木桩，潮头就被削掉了一角，好不容易冲到了竹笼上，一股强大的力量又把他反弹回了江中。潮神叹了口气："唉，看来以后连鸡鸭都吃不到了，更别想小孩子了。真不能小看这个竹笼，原来竹子和石头都有神力，竹子是阴，石头是阳，阴阳合一，神力巨大，我也没办法啊！"说完就灰溜溜地潜入水中逃走了。从此，每次潮神只要临近这个石塘，潮头就始终起不来。捍海石塘牢牢地守护着钱塘江边百姓的安全。

皋亭山的石头因为传说有神力，就经常被采伐来修筑海塘。据说当年张夏护佑杭州城，修筑石塘所用的石块也是从皋亭山上采来的。直至明代，修筑钱塘江海塘的石头还有采自皋亭山的，明万历年间的《杭州府志》就有记载："永乐十一年夏五月，江潮平地水高寻丈……守臣申奏，朝命工部侍郎张某监筑堤岸。役及杭嘉湖严衢诸府军民十余万，采竹木为笼柜，伐皋亭山块石纳其中，叠砌堤岸以御江潮。修筑三年，费财十万。"可见，"皋亭神"为护佑杭州还是出了大神力的。

随着海塘修筑技术的不断发展，皋亭山的石头已经不再用作修筑海塘了，大多被用作杭州城修桥铺路的材料，后来因为采石留下了许多巨大的宕口，直至今日，皋亭山南坡最东面的一个宕口，被当作遗址保护了下来，取名"捍海石宕"，成为皋亭山旅游风景区的著名景点。

一担砻糠定塘线

宋朝时，杭州六和塔附近的潮患相当严重，每次潮水来临，六鳌倒卷，吞山挟海，那潮水直接就往月轮山上扑，最厉害的时候，甚至连山坡上的树木都被淹在水里。沿江百姓苦不堪言，一季的辛勤劳作，一潮就化为泡影。

为了抵御潮水，当地县令每年都要组织修筑海塘。一到冬天，田里的农活稍微少一些了，他就组织百姓开始修塘。人们从山上采挖运来土石，一边堆土，一边夯土，堤岸修得又高又直，整个冬季几乎都耗在这个活上。但是，一到春天，大水来的时候，堤岸还是被冲得七零八落，而且每次总是那几处先决口。为此，县令和百姓们都非常地苦恼。

不知道从什么时候起，月轮山上来了一只猿，浑身长满白色的毛，一双眼睛圆溜溜的，眼神清澈见底，似乎能听懂人说话，当地百姓都以“白猿”相称。白猿在月轮山上找了一个山洞居住下来，平时就吃山里的野果，喝山里的泉水，从不去打扰百姓，经常见它在树梢间轻快地跳来荡去，给人们增添了许多欢乐。只是冬天的时候，它偶尔会到村民家里来讨些吃食，大多人家都会爽快地送上。百姓们修筑堤塘劳作时，它也会在边上帮忙，帮着送个扁担、拿个畚箕、捡个绳索，大家都非常喜欢这只白猿。尤其是李县丞，年纪轻轻单身一人在县里当差，每天都会抽时间去爬月轮山，时间长了，白猿和李县丞相互成了好朋友，人们经常看见一人一猿在江边溜达呢。

这天，李县丞一脸郁闷地坐在江边的石头上，望着正在缓缓上涨的江水叹了口气，自言自语道："唉，这塘修得也算结实了，怎么就经不起水冲呢？为什么老是有几个地方先塌呢？"说着伸手挠了挠白猿。

白猿张着深邃的大眼睛，吧嗒吧嗒地瞅着李县丞，一会拿爪子挠挠他的手心，一会又用尾巴扫扫他的腿。

李县丞笑开了："好猴子，你这是要逗我乐啊。哎呀，别挠了，你行，你就快替我想想办法吧！"

白猿好像听明白了李县丞的意思，马上站了起来，往四面看了看。这时，路边上正好有人挑了一担砻糠走了过来，白猿飞快地跑了过去，一把抓起一筐砻糠就往江里倒过去。还没等那个农夫反应过来，白猿又把另一筐砻糠也扯过去倒进了江里。

农夫这才回过神来："哎呀，哎呀，你这个猴子，怎么抢我东西呀！"抓起扁担要去打白猿。这时的白猿早已躲到了李县丞的背后，还冲着农夫露出牙齿乐开了。

李县丞也反应过来了，连忙拉住农夫，劝说道："老哥，莫气，莫气，这猴子是逗我乐呢。这担砻糠我赔你就是。"李县丞看了看漂浮在江面上的砻糠，掏出 10 个铜钱递给农夫。

"李大人，哪能让您赔钱呢，砻糠本来就不值几个钱啊。”

“应该的，应该的。”李县丞一边把钱塞给农夫，一边作势要打白猿。白猿面朝李县丞，吱吱叫了两声，好像很委屈。

农夫把筐翻过来坐下，叹了口气，说道：“哎，正好歇息下。李大人，您又在为修塘的事情烦恼了？”

“是啊，什么时候能修得好呀！”这时，白猿又开始吱吱、吱吱地叫着，还用爪子拉扯李县丞的衣服。

“怎么了，你这猴子又想干什么呢？”

白猿把李县丞拉到了江边。这时，刚刚上涨的潮水已经退去了，沙滩上留下了一层薄薄的砻糠，弯弯曲曲像蚯蚓爬过的痕迹。李县丞看着砻糠似有所悟，白猿又跑到滩涂上，沿着砻糠的痕迹走起了花步。

“呀，这猴子怎么走得弯来弯去的！”农夫也站起来跑到了江边。

“我明白了！”李县丞一拍脑袋，“你看，这潮水来的时候可不是齐平的，这潮头走过的路，是弯弯曲曲的。而我们的塘是笔直的，所以有的地方受到冲力大，有的地方受到的冲力要小。”李县丞一把抱起白猿扛在肩膀上，“走咯，赶紧收砻糠去！回来给你做好吃的，你可是大功臣啊！”

“砻糠，我家里有啊！”农夫看了看沙滩上砻糠留下的痕迹，快步追了上去。

李县丞把这个发现报告了县令，大家都非常兴奋，但是海塘到底该从哪里开始修呢，大家心里还是没有底。县令下令将百姓家里所有的砻糠都收购了，准备通过实验来确定塘线。老百姓一听说这个事，纷纷抬着家里的砻糠往县衙跑。

李县丞组织大家开始了实验。他们在早潮的时候撒一回，做好标记，晚潮的时候又撒一回，再做好标记，对两条线进行比较。从初一开始，连续一个月每天都要撒两遍。撒砻糠，画线，清理干净，再撒，再画。整个月下来，李县丞的人都像砻糠做的，从头到脚都是砻糠屑，白猿也好不到哪里去，都快成黄猿了。原来它也每天跟在李县丞身边，特别喜欢撒砻糠。有时候，李县丞线画错了，白猿还会用脚踩，帮他纠正。大家都说，这只猴子简直神了。

一个月后，县令组织大家把所有的标线进行反复比较与修正，最终确定了合适的塘线。塘线确定后，县衙再次组织全县百姓修筑，这回海塘可不是笔直的了，而是有许多弯曲，是顺着潮头的走向和高低来修筑的。

海塘修成了，修好的海塘既高又长，尤其是弯曲的塘线正好挡住了每一处潮头，不多不少，这回让潮水无奈了。

这时，人们惊奇地发现，那只白猿忽然不见了。据说，海塘修好的那天晚上，白猿没有回到自己的山洞里，而是在李县丞家里待了一晚上。“唉，这是在向我告别呢！”李县丞心里非常难受。

当地百姓非常感激这只白猿，于是就在月轮山脚、六和塔边，建了一座“思善堂”，将白猿立为庙神祭拜。

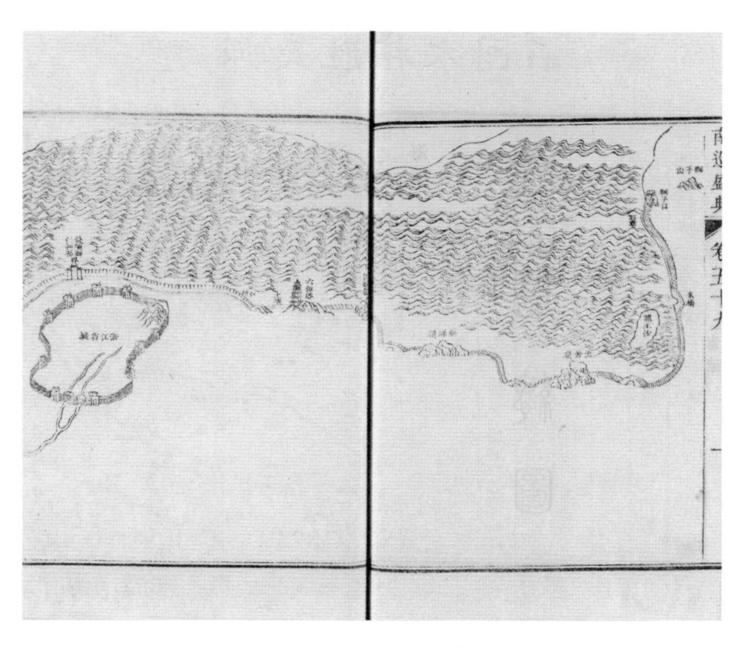

《海塘总图》中的“六和塔段”

据说当年宋理宗的时候，朝廷召来三十五代天师来杭州退潮，途经六和塔时，天师看见这座庙就停下来问：“这是什么神？平时是保佑百姓还是祸害地方？”当地百姓回话说：“这可是福神啊，他曾经做了好事，为大家带来了天大的福气，所以我们敬奉他为神，一直护佑着我们呢！”天师捋着长胡子：“嗯，如果他胆敢作恶，我一定会除掉他的！”百姓们听了十分惊奇，问到：“为什么呀？”天师拔出宝剑：“这本来是我们龙虎山养的一只白猿，很多年前就找不到它，没想到竟然在这里成了神。”说完对着神像大声呵斥：“你既然能保佑百姓，造福一方，我就不追究了，如果胆敢祸害地方，我决不放过你！”百姓们这才知道，这只白猿竟然是龙虎山的，看来也算是修道有成了。

从此，这座庙的香火也越来越旺。后来人写下了“龙虎山中猿未回，天师奉诏退潮来。但看庙貌民祈福，仗剑何劳怒叱雷”的诗句来纪念这件事。

石囤木柜胜天师

元泰定元年（1324），孛儿只斤·也孙铁木儿登基成了泰定帝。自登基以来，真不知道是得罪了哪路神仙，全国各地天灾人祸不断，尤其是水灾，各处地方官员为抗灾赈灾忙得焦头烂额、狼狈不堪。

元泰定元年十二月，冬天本来应当是枯水的季节，没想到钱塘江居然潮汐大作，沿江多处堤岸因此被毁，潮水汹涌滔天，直奔杭州城内。有司组织人手用竹笼、石块等堵塞决口，苦战数十日，水患总算暂时得到缓解。

元泰定四年（1327）四月，钱塘江潮水犹如凶神恶煞，再次卷土重来，19 里海塘全部崩塌。朝廷命令庸田司官组织人员修复海塘，江浙行省杭州路的达鲁花赤会同庸田司官，动员组织兵丁和民夫 2 万余人，以“竹笼石塘”为主要方法，用木栅、木柱固定等为辅助方法进行修复。但出乎意料的是，木桩打下去，竹笼石抛过去，却一下就无影无踪了，连同堤岸上的土都被卷入潮水当中。

达鲁花赤将杭州潮患的情况报告给了掌管农桑和水利的大劝农司。有司向朝廷上奏，请求朝廷能够将钱塘江海塘改建成叠石塘，以彻底解决江浙一带的水患。没想到泰定帝居然下旨意回复他们：“修筑海塘是花大钱的事情，朝廷没有那么多的钱呀，修建叠石塘更是劳民伤财，只要增加石囤（读 dùn）就可以了。”

有司接到旨意也很无奈，只能下令杭州路继续采用石囤的办法来抵御潮水。只是，这么长的江塘，几百个石囤肯定是不解决问题的，要想让海塘变得坚固，恐怕得上万个才行呢，这也不是小钱啊。朝廷上大臣们议论纷纷，有位大臣给皇帝出了个主意：“当年世祖皇帝在的时候，钱塘江海塘也曾溃决得很厉害，当时是派了天师做法，祈祀潮神，退了潮水，海塘也就没事儿了。现在可以让直省舍人伯颜奉命去请天师，让天师按照故法祈祀退潮，海塘肯定会平安的。”

“既然祖宗有先例，就按照这个办法来吧。”泰定帝就下旨让人去请天师。

请谁呢？大家商量来商量去，决定去请张嗣成。张嗣成，字次望，号太玄子，第三十八代天师张与材的长子，是天师道第三十九代天师。元至大三年（1310），他跟随父亲到杭州时，曾经用符水救火，为杭州城消弭了一场灾祸。元泰定二年（1325），他被封为“翊元玄德正一教主”，知集贤院道教事，后来又数次入朝，多次被加封。

张天师接到邀请，欣然来到了钱塘江。他在钱塘江边摆下了法坛，身着法衣，神情严肃，脚下踏着天罡步，手里拿着七星宝剑，口中唱诵神秘的咒语，引磬发出清脆的声音。

张天师停下脚步，拿起朱砂和一张黄纸开始画符篆，符篆画好后，往上喷洒了一些水，喝一声：“走！”只见那符篆就向钱塘江面飞去，声如旋风，一转眼就不见了。等了许久，江面什么动静也没有，潮头依然激烈地拍打着江岸。张天师接着又画了一道符，符又飞走了，声音如雷，消失在空中。再等了许久，还是未见动静，钱塘江水涛声依旧。张天师似乎十分生气，挥开神笔再画大符，符篆又飞出去了，声音如同霹雳，天上的云团瞬间黑了下来，只见钱塘江中猛地蹿起一丈多高的水柱。张天师大叫一声："不好！"右手快速举起镇坛木，猛然拍击在法坛上，只听得一声猛烈的巨响，原先的水柱顷刻倒平，密布的乌云瞬即散开。

但随之而来的回头潮翻越到堤塘上，直接把法坛给掀了个底朝天……

张天师一副无奈的表情，命人收拾了法坛，正打算离开。这时，直省舍人伯颜连忙上前，拉住张天师，急急地问："真人，这该怎么办啊？"

"我的三道符变成了三个神将，已经将事情的原委告诉我了，只是我不方便说，大人还是另请高明吧。"张天师说完，一甩袖子走了。

张天师走了，潮水还在继续肆虐着。怎么办？又有大臣出主意了："张天师不肯出力，不如请咱们自己人，就请帝师出马！镇潮那还不是小菜一碟！"

泰定帝听了高兴地一拍龙椅："我早就说过，只有佛祖才会真正保佑我们！"

原来元朝的皇帝信佛，但他们信的是藏传佛教，也就是喇嘛教。泰定帝更是虔诚的佛教徒，每天上朝啥也不干，一门心思求佛拜佛，每次做佛事，光来混饭吃的僧人就有几千人，赏钱数以万计。不仅如此，为了表达一心向佛的诚意，他还拜萨迦派番僧为帝师。这个提议正中他的下怀。

在座的西台御史李昌，却想起了两年前的事："有个番僧佩戴着边防警报用的金字圆符，率领随从人员100多人，在京城大街横冲直撞，还强占民舍、侮辱妇女。众人告到我这里，可皇上却把这件事压了下去，不了了之。"想到这里，李昌不由得叹了口气，摇了摇头。

番僧帝师就派了手下的司空，来到钱塘江。他事先花大钱专门做了200尊佛塔，并为佛塔注入了法力。司空到了江边，就在沿江的高地摆起香案，点上香烛。两队僧人穿着法衣，戴着僧帽，在低沉苍凉的"大法号"声中缓缓走来。司空身着法衣，头戴高高的黑色鸡冠帽，一手持着"达玛如"，微闭着眼睛，颂咏着经文，场面十分肃穆。

一番仪式后，司空把200尊佛塔扔进了钱塘江，带着众僧跪拜了下去。突然，钱塘江面发出汩汩的巨大声响，一阵巨浪排山倒海而来，把僧人们浇得一头一脑的江水……

一场法会就此结束。

看来神力没能解决钱塘江潮的问题，泰定帝这下没了办法。在臣子们的不断催促下，他只得下决心修筑钱塘江海塘，随即命令都水少监张仲仁去往杭州修筑钱塘江海塘。

张仲仁到了杭州，会同杭州路的官员，对沿江海塘做了一个全面调查。他发现海宁这一带"地脉虚浮"，属于粉沙性土质，抗冲击力很低，在潮流的冲刷下，塘基很难稳定。如果要修成叠石塘的话，不仅费钱，关键是浮松的地基很难承受大块的条石，基础不稳，没有两三年奏不了效。在召集大家反复商议后，他决定还是采用石囤木柜法筑塘。所谓石囤就是装满石块的竹笼，木柜就是用条木制成的方形或长方形的大木柜，中间填满石块。

这种木柜在南朝梁天监十三年（514）修筑淮河大坝浮山堰时，曾经大量使用过，张仲仁决定将木柜运用到海塘的修筑上。他一面组织人找来专业的工匠，用毛竹编制竹笼，一面挑选坚固的不易腐烂的木材做成木柜，里面装上坚硬的块石。在整个沿海 30 多里的岸线上，层层排列叠置，埋下 433300 多个石囤，470 多个木柜。塘前用木桩固定，木柜与木柜之间用横木联接，整个塘形成了一个整体，终于控制住了潮水的肆虐，杭州一带的潮患也因此得到了缓解。

石囤木柜塘其实就是竹笼石塘的升级版，是它的一

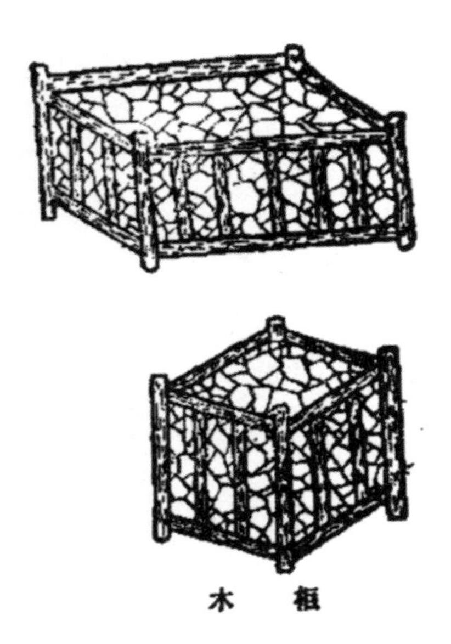

石囤木柜

种改进形式。木柜法筑塘比竹笼塘更加坚固和稳定。但是由于潮水一会儿涨，一会儿落，竹笼和木柜常常处在干湿不定的状态，特别容易腐烂，修补和维修的工程量非常大。最终还是被石砌海塘所替代。

后人根据这段故事写下了几句打油诗："木柜空随石囤沉，有元治水吝捐金。西僧压胜天师醮（读 jiào），难慰人怀利济心。"

千字文里识海塘

“天地玄黄，宇宙洪荒。日月盈昃（读 zè），辰宿列张。寒来暑往，秋收冬藏。……”这篇由南北朝时期梁朝散骑侍郎、给事中周兴嗣编纂，共一千个汉字组成的韵文，是古时候开蒙的主要读物，内容包含了天文、地理、自然、社会、历史等多方面知识。历朝历代的读书人，没有不熟悉《千字文》的，只是很多人都不知道《千字文》和海塘也有着密切的关系。

李塘生是钱塘江边土生土长的李家埠人，村南面有一条跟他家房子差不多高的海塘。据说，他妈妈生他前还在海塘边的地里干农活，临产时来不及赶回家，就在海塘附近生下了他，于是家人索性给他取名叫塘生。

塘生慢慢长大了，两三岁的他和一群小萝卜头，整天在海塘上奔来跑去，堤岸是孩子们天然的攀爬运动场，塘边新长出脆弱的芦苇秆，是孩子们最鲜甜的零食。忙碌的大人实在管不过来，只有在潮水快来的时候，大人们才会陡然出现，把小的喊回家。

有一天，塘生的妈妈正在家里织麻布，几个小孩子慌慌张张地冲了进来：“阿婶，不好了，塘生摔破头了！”

塘生的妈妈一听，赶紧跟着孩子们奔了出去。

不远处的海塘上，一群孩子围成了一堆，塘生妈妈急急地拨开人群，只见塘生倒在一块石碑旁，鲜红的血不断地从额角流出，看似已经昏了过去。“生儿，生儿，你怎么了？别吓唬妈妈呀！”塘生在妈妈的摇晃下慢慢地睁开眼，模模糊糊地看到了妈妈紧张而担忧的脸庞。

“还好还好，幸亏被这字号碑挡了一下，不然一直滚到塘下去，孩子还这么小，肯定是很危险的。”村里几位老人闻讯赶了过来。

这件事给小塘生留下了十分深刻的记忆，母亲扶着塘生的小手，指着还沾有血迹的“西恭”石碑，给塘生定了个规矩，一个月不准再到海塘上去玩耍。

又过了几年，家里凑了些钱，送塘生到村东头老秀才开的私塾开蒙读书。老秀才首先教的就是《千字文》，一群小童摇头晃脑地齐声诵着：“天地玄黄，宇宙洪荒。……”塘生非常聪明，全班孩子中就数他背得最熟。一天，老秀才笑眯眯地捋着胡子对塘生说：“塘生啊，你跟这《千字文》有缘啊，你还记得几年前救你一命的那块石碑吗？”

“那是海塘的字号碑，据说是明代的水利佥（读 qiān）事黄光升在海盐时发明的，为了便于对海塘进行管理，以营造尺20丈为一号，按《千字文》字序，用字号碑的形式，编定海盐县石塘号次。”老秀才摇头晃脑地说，“后来到了本朝，雍正二年，嵇曾筠嵇大学士把这个办法推广到了浙江海塘全境。”[1]

见塘生听得似懂非懂，老秀才又笑着问：“你还记

①明嘉靖二十一年（1542），水利佥事黄光升以营造尺20丈为一号，按《千字文》字序编定海盐县石塘号次，共编立140号。清乾隆二年（1737），总理浙江海塘事务的嵇曾筠仿海盐做法，按《千字文》字序，剔除“洪”“荒”“毁”等字义不祥的字，以县为单元，测量统编各县海塘塘号，亦以20丈为一号（约64米），在塘顶附土内侧树立石碑，上刻字号、塘型和长度，并随塘身改建、塘型变更而更改。

得那块碑上写的什么字吗？”

塘生摇了摇头：“不记得了”。

“是啊，你那时候还不识字呢，那是个‘恭’字，恭敬的‘恭’。”

“盖此身发，四大五常。恭唯鞠养，岂敢毁伤。”塘生脱口而出。

“不错，背得很熟。”

“先生，为什么要用《千字文》来作为海塘管理的字号呢？”

“这个《千字文》可是本奇书啊，内容包罗万象，是开蒙的主要书籍，是个读书人都能读能背。大家太熟悉了。”

“对，对！先生你看我还能倒着背呢。”小塘生得意地看着先生。

“那我问你，《千字文》里有重复的字吗[①]？”

“嗯，没有。”

“《千字文》最大的一个特点就是文字不重复，容易背诵和记忆，很早以前就被用来作为藏书的编号。北宋时，周湛又创立了‘千文架阁法’，《千字文》就开始用于文书的编号了。因为大家都熟悉，只要说出这个字，就能按照字序马上确定方位或者找到具体位置。而地名相同或相近的就太多了，如李家埠、李家村有好多个呢，

①根据《梁书》记载，《千字文》由梁武帝命人从王羲之书法作品中选取1000个不重复汉字，命人编纂成文。《千字文》作为一篇启蒙韵文，自古传说其独特之处不仅仅是音韵优美、意境绵长，更在于其1000个字中无重复，却又连贯成文。后来由于“汉字简化”“以讹传讹”等原因，出现了所谓6个或7个字重复，是在历史变迁中后人的妄断。

这样就容易混淆。不过，‘荒’‘毁’这些不吉利的字眼是不用的！”

“先生，那字用完了怎么办？”

“傻呀，再从头排呀！”老秀才一扇子打在塘生脑袋上。

“先生，你别打我呀。”塘生摸着脑袋，“我还有问题，我记得我小时候磕破脑袋的那块碑上有两个字呢。”

“哦，那是因为东面的备塘先建，当然就先树了字号碑，那条石塘是后建的，为了区别，就在前面加了个“西”字，更具体的我也说不上来了。”

从此，塘生不仅把千字文倒背如流，还经常沿着备塘和范公塘一路查寻字号碑，每每多经过一块字号碑，心里都会有一种莫名的新奇感。

十年后，塘生长成了一个棒小伙，时年恰逢营汛招人，他就光荣地成了一名塘丁。熟悉千字文标注塘段的规则，是对塘丁的最基本要求，塘生特别用心：“横书为某字号，以标塘段；纵书为某工二十丈，以表明塘型和长度。如‘及字号，鱼鳞工二十丈’，即表明此段海塘为鱼鳞大石塘，长二十丈。其中‘及’‘盖’‘此’等字号，表明此处为外柴塘内鱼鳞石塘的双塘结构。”几天下来，滚瓜烂熟，胸有成竹。

他穿着一身制服，日夜巡视在海塘上，每次走过“西恭”字号碑，都会亲热地摸一摸碑文，同行伙伴忍不住笑话他：“塘生，你把这石碑当媳妇啦？”塘生每次都呵呵一笑。因为识字，有时他还会帮着抄写一些公文，每次写到“范公塘至西均修筑塘工……”总觉得特别亲切。

清嘉庆二十五年（1820）七月，连续三天暴雨如注，江潮翻涌，整个营汛高度紧张，塘丁们凭经验知道很可能要面临一次大潮汛。果不其然，七月十六晚上，刚巡逻回来的塘生，还没来得及吃完饭，堡房的门突然被一阵强风轰开了。

“不好了，不好了！盖字号北坡坍了！”几个塘丁大声招呼着。堡房里的人呼地站了起来，快速拿起工具，扑进雨幕向北坡直奔而去。

远远望去，大堤上的火把，就像一条长长的火龙，风雨中的火光映照着整个江面，翻涌混浊的江水越发显得诡异。

“快，这里！再来一队人，抛石！”在把总的指挥下，大家抬着石块、扛着木头，来来回回在风雨中奔跑着。

狂风卷着暴雨，铺天盖地。巨大的潮头突然冲上了堤岸，猝不及防的人们被潮水打得东倒西歪。“弟兄们，再坚持一下，加把劲！”被潮水冲倒的人们赶紧起来。

这时，塘生的搭档芦子突然发现塘生不见了。“不好，他刚才跟我在一起扛木头呢！”“天啊，难道被刚才那个潮头卷到江里去啦！”大家焦急地呼喊着“塘生，塘生！”，芦子急得直冒汗：“我下去搜一下！”

“我在这儿！”只听得从背后传来了塘生的声音，众人回头一看，不禁乐出了声。塘生手扶塘边的字号碑，晃晃悠悠地站了起来，头上还顶了一小撮柴草。

芦子看着塘生一副昏然的模样，亲热地拍了拍他的肩膀：“你还真的跟这块字号碑有缘啊，不枉你平时对

千字文号碑

他比对媳妇还好！”塘生低头一看，字号碑上赫然写着“西恭字碑，鳞工二十丈”，不由得也乐了。

天晴了，江水慢慢地退了下去，塘生和他的伙伴们又开始了日常的巡堤工作。清冽的晨风里，隐隐约约地传来了村东私塾里孩子们稚嫩而清脆的声音：“天地玄黄，宇宙洪荒。日月盈昃，辰宿列张。……”

在海塘修筑的重要历史阶段，用《千字文》字序来标注塘段，对明确海塘塘型、结构和具体地段、位置、长度等作用十分明显，这一做法前后延续了 400 余年，称得上是一个重大的创举。

声声号子和潮涌

历朝历代，修筑海塘都是国家工程，从来不是几个人就能完成的，每次修建少则数百人，多则数千人，甚至于上万人。而塘工大多都是沿江当地的农民，平时种地忙农活，官府招募塘工时就去筑塘，一来二去好多人就成了熟练工。很多家庭几辈传承都做塘工。

沈鸣亮，生于清乾隆二十七年（1762），是钱塘江沿江小有名气的一名塘工，他不仅年轻身体健康，而且人缘也特别好，能说会道，有很好的组织协调能力。他担任塘头时，他那一组人干得又快又好，沿江好多县里修筑海塘，都会大老远地来请他。

一起筑塘的人开他玩笑："你们家八辈子没读过书，怎么你的名字这么文绉绉的？"

"我生下来时，哭声特别响亮，还带着旋律，像公鸡打鸣，我家隔壁的老秀才就给我取了名字叫鸣亮，说我一定能一鸣惊人、前途明亮。"沈鸣亮笑着说："不过，我还是更喜欢公鸡打鸣，公鸡一叫，连老天都要听它的。"

沈鸣亮有一把好嗓子，既响亮又厚实，那些民间小调从他嘴里唱出来特别好听，他还会自己编歌词，看到什么唱什么。有一次他穿了件破了洞的衣服，村里人笑话他，他就唱了几句：“哎呀，这位大嫂你别笑，我是神仙下云霄。江边水多闷又热，弄几个洞洞暑气消！”把大家全逗乐了。

不过，这几天他可笑不出来，同他一起长大的好朋友阿根，前几天修海塘的时候，抬石头不小心摔了下来，命是保住了，可还是摔断了腿。

哎，虽然塘工的工钱还可以，但干这活真的很危险，一块大条石有七八百斤重，四个人抬要相当默契的配合才行，稍有不慎就会出事情。如果是打桩夯土，更需要七八个人的配合，怎么样才能做到大家步调一致呢？沈鸣亮时时都在想这个问题，在工地上边干活边琢磨。

这几天，他们主要的任务是抬石头，石块不算很大，两人一组即好，用的扛子比较长，被称为“长杠”。沈鸣亮心里有点郁闷，就随口顺着石头前后晃动的节奏唱了起来：“唉嗨，唉嗨！上江堤喽，往前走啊，看潮水啊！”唱着唱着，杠子那头的阿土也不自觉地跟着哼了起来：“唉嗨，唉嗨！”两个人的脚步完全合在一起了，长长的杠子在节奏中一晃一悠，石头也好像变轻了。

“鸣亮哥，你这个办法好！你这么一唱，身上的担子也觉得不重了。”阿土兴奋地说。

“是啊，好像是哦，我们再试试。”沈鸣亮也很兴奋，“这回，我先起头，我一句你一句。这样，一、二，一、二，咱们踩着这个节奏来。”

“可我不会编词啊。”阿土挠挠头。

“唱什么没关系的，只要把节奏踩牢了。”

沈鸣亮和阿土又抬起一块石头往堤上走去。

“唉嗨，唉嗨！”

“唉嗨，唉嗨！”

“往前走哦！”

“唉嗨！”

“上跳板喽！”

“唉嗨！”

两人一唱一和，石头也随着节奏前后晃悠，只觉得脚步都有了弹性，丝毫不觉得吃力。

这时候，工地上的人们听见沈鸣亮的声音，都看了过来，看到两人抬着石头，走得如行云流水，都看呆了。大家把他俩围在一起。

“鸣亮哥，你这个办法好！也来指挥一下我们打龙门桩吧。”

那边，已经用粗木头在四周架起一座像门一样的木架子，正准备打桩的几个伙伴大声呼叫着。

“我来试试看吧。”沈鸣亮走到龙门架边上，只见八根绳索牵引着巨大的夯石，一根胸径八九寸的松木桩尖头立在滩涂上，八个人正分别牵着一根绳索。

“这可是个大力气活，我想想。大家听到我的重音就一起往下砸！我唱一句，大家跟着我一块儿叫‘夯哟’。”

“好嘞！”

沈鸣亮清了清嗓子，“唷嗬——夯哟！拉起绳索——夯哟！鼓起力气——夯哟！”

众人跟着一起“夯哟”。刚开始的时候还有几个人跟不上节奏，几次以后，越来越顺手，歌声也是越来越响亮，一根粗大的松木桩很快就打进去了。歌声也引来了到现场视察工程的把总，把总也是看得津津有味。

“好，太好了！沈鸣亮啊，我交给你一个任务，把工地上的每道工序都配上号，对，‘号子’！这号子太好了，比军营里的军号还管用啊！你啊，很快就要一鸣惊人了！”

《海宁石塘图说》中鳞大石塘第二十层砌图

沈鸣亮接到这个任务后，开始仔细观察筑塘工地上不同工序和干活的节奏。不看不知道，一看发现还真有点复杂：有撬石、翻石，一群塘工用木棍撬动或翻动大石块，柔中有刚，节奏流畅；有打桩、打夯，大家分工合作打下木桩或夯实塘基，轻重分明，节奏清晰；还有飞硪、串步；等等。最难的就是 12 人以上，同时抬一块巨石，短杠上再缚短杠，“纽”抬巨石时，强度特别大，需要抬石人步伐高度一致，稍有不齐就容易出事故，只有经验丰富的塘工才能完成。

沈鸣亮在工地上一休息就到处转悠，仔细观察不同工位的塘工们的各种动作，晚上还要拉着一群小哥们反复练习。他心里想着一个目标，要让大家一唱号子就能步调一致，还能在上坡、下坡、上跳板、转弯、起立、放下的时候，可以及时提示工友、警示各位注意安全，更主要的还要让大家精神振奋，干活也不觉得劳累。

经过大半个月的谋划，沈鸣亮终于为每个工序都配出了合适的号子。整个筑塘工地号声嘹亮，井然有序。

这天，知府陪着巡抚大人来察看海塘，远远地就听见：“啊啦格煞，来哉！”“潮水凶猛，勿怕！”“石块大哦，压死潮头！”“唷嗬！唷嗬！”“小心脚下！”“唷嗬！唷嗬！”

只见一人领唱众人附和，号子声此起彼伏，响彻云霄，场景颇为壮观，似乎连潮水都被吓得退却了。

巡抚看了大为赞赏，得意地表扬道：“修筑海塘就得有这种精气神！”他下令重赏了沈鸣亮，并将塘工号子推广到沿江所有筑塘工地。从此，我们筑塘工地听到的，不只是起潮时咆哮的浪涛声，还有那筑塘工人粗犷的号子声。

1974年，塘工号子的音乐资料被编入中央音乐学院教材。相关节目多次在省、市、县大型文艺舞台上亮相，获得广泛赞誉。2008年，“塘工号子”被列入浙江省级非物质文化遗产名录。

乾隆私访解沙情

乾隆皇帝六下江南，留下了很多佳话，对他来说，南巡的重点是江浙，重要事情之一就是钱塘江的海塘。他认为，江浙地区是大清的“财赋之区”，占尽天下财赋大半，却又是千百年来的洪灾区，江浙是否繁荣与稳定，直接关系到国家的命运和前程。因此，他每次下江南必定要到钱塘江。

他第一次、第二次南巡，都到过杭州钱塘江，查看钱塘江海塘工程建设和维护情况。当时的钱塘江的江道偏南，南岸潮患相对较多，而钱塘江北岸相对比较安宁。乾隆皇帝在杭州六和塔上远眺钱塘江，见波涛涌动，景色壮观，心情十分愉快。第二次南巡视察完海塘后，他还即兴写下了《阅海塘作》：“骑度钱塘阅海塘，闾阎本计圣谟良。长江已辑风兮浪，万户都安耕与桑。”

可是好景不长，到了乾隆二十四年（1759），这一年春天，钱塘江改道，滔滔江水直接冲往北大亹，钱塘江北岸的堤塘岌岌可危。

到了乾隆二十七年（1762）第三次南巡，一到杭州，乾隆第二天就直奔海宁巡视海塘。他决心坚定，为永保江浙大地的安宁，一定要把柴塘改建成鱼鳞大石塘。于是从国库拨下帑币，下旨要求加紧鱼鳞大石塘建设。之后，用了近 3 年的时间，终于在老盐仓一带建成了鱼鳞大石塘。

乾隆三十年（1765），这年正月，乾隆皇帝就急匆匆地南巡了。这次南巡的阵势非常大，他带着皇太后、皇后等人前呼后拥地出发了。一路上，各地官员忙着接驾，好不热闹。闰二月初三，乾隆皇帝从苏州出发，乘着大船沿运河往杭州而来。船到了嘉兴的石门镇，乾隆皇帝让皇太后等人继续乘船游玩，自己带着随从骑马直奔海宁去巡视海塘。

到了老盐仓，只见新修成的鱼鳞石塘横亘在钱塘江边，宛如一道江滨长城，巨大的条石纵横交错，牢牢地叠压在一起，如泰山般巍然不动。石塘前还有一道柴塘，在柴塘和石塘之间，按照他的旨意种植了一排排柳树。乾隆皇帝越看越高兴，欣然写下："鱼鳞诚赖此重堤，堤里人家屋脊齐。土备却称守重障，一行遥见柳烟低。"

乾隆皇帝又向当地的官员仔细地询问了海塘修筑花了多少钱，多少工等情况后，非常满意。但他转念又想，自己毕竟千里迢迢难得来一回，一定要仔细了解清楚，现在那么多官员陪着，真有什么事，估计也没人敢说真话啊。

第二天，乾隆皇帝悄悄地打扮成一个老爷，带着三品侍卫周日清去私访了。

江南闰二月的天，已是早春时节了，河边柳枝吐芽，坡上野花烂漫，景色怡人。两人沿江来到了一个小镇，镇上也是人流熙攘，一番热闹繁忙的景象。

辛未丁丑两度临观为之庆幸而不敢必其久如
是也无何而戊寅之秋雷山北首有涨沙痕已
卯之春遂全趋北大亹而北岸护沙以渐被刷
是柴塘石塘之保护于斯时为刻不可缓者易
柴以石费虽巨而经久去害为民者所弗惜也
然有云柴塘之下皆活沙不能易石者有云移
内数十丈则可施工者特按以斯事体大不敢定
议夫朕之巡方问俗非为展义制宜措斯民于
衽席之安乎数郡民生休戚之关孰有大于此
者可以洄洑海滨地险辞而不为之悉心相度以
下不可施工以其实系活沙椿橛弗牢讫不可以
筑石也柴塘之内可施工而仓卒不可为以其拆
人庐墓桑麻填阬堑未受害而先惊吾民也即云
成大利者不顾小害然使石塘成而废柴塘是弃

乾隆御笔《阅海塘记》（局部）

閱海塘記

隆古以來治水者必應以神禹爲準神禹乘四載隨山濬川其大者導河導江胥入於海禹之蹟至於會稽會稽者即今浙海之區所謂南北互爲坍漲遷徙靡常地神禹疏歷其間何以未治豈古今異勢尔時可以不治之乎抑海之爲物實有不可與江河同人力有所難施乎河之患既以隄防海之患亦以塘壩然既有之莫能已之已之而其患更烈仁人君子所弗忍爲也故每補偏救弊亦云盡人事而已施堤防於河已難而況措塘壩於海乎海之有塘壩李唐以前不可考可考者蓋自太宗貞觀間始歷宋元明屢修而屢壞南岸紹興有山爲之障故其患常輕北

“爷，咱们找个茶馆歇一会儿吧。”

前面不远处正好有个小茶馆，看着也还干净。茶馆里空位已不太多，穿着短打、长衫的各色人等，围坐在四仙桌旁，边喝茶边聊着闲天。两人走进茶馆，找了个靠窗的位置坐下。

“两位爷，给您二位上个烘青豆茶吧。这可是我们当地的特色，在当年的新茶中放入烘青豆、枳子皮、野芝麻、胡萝卜丁、笋尖、豆腐干丁，这滚水一泡，香着呢！”小二热情地招呼着。

“好嘞，再来碟云片糕吧。”周日清看了看周边的这些茶客，把乾隆皇帝让到里边的位置，自己便打横坐下。

乾隆皇帝饶有兴趣地品尝着清香扑鼻的烘青豆茶，远远地听着隔壁那桌长衫客人在那里议论。

“守山兄真是可怜呢，无妄之灾啊！”

“海塘可是皇上下令要修的，他怎么敢去提意见呢？修哪儿，可不是一个秀才该管的事。”

“哎，他可是个好人啊，就是这个臭脾气呀，不肯改。何必认那个死理呢？”

乾隆皇帝一听到海塘，耳朵就竖了起来，催促道：“日清啊，赶紧去问一问吧。”

原来这个周秀才是个本地人，上个月跑到县衙去跟县老爷说，他们修的海塘有一段的位置选得不对。前天又去了，县令说他妖言惑众，就把他抓了起来，说等皇上走以后再处理呢。

乾隆皇帝一听来了兴趣："哦，他说海塘修的位置不对，有什么依据吗？"

"听说，那周秀才每个月都把江里面沙土流动的情况记录下来，有厚厚一沓呢，一看就明白了。"周日清连忙回禀。

"哦，还有这等好事情？"

两人正说着，茶馆的门帘一掀，进来了一位十六七岁的小姑娘。

这姑娘穿着青布的袄子，撒花的大脚裤，一根大麻花辫黑漆漆的，眼睛灵动有神。她进了茶馆，直奔那桌长衫客人，哭着说道："五表哥，这是我哥做的沙情的记录，昨天我去过几次衙门，都说不让进，您跟那县老爷是亲戚，菱姑拜托您了，帮着求求情吧！"

沙情记录？乾隆皇帝一听眼睛发亮，赶紧一撩衣服走过去。"小姑娘，你能让我看一下吗？"

众人见这位长者，虽然衣着朴素，但气度不凡，猜想一定不是个普通人。菱姑把一本册页递给了乾隆皇帝，带着哭腔嘟囔道："老爷你也给我们评评理，我哥说的都是实话，他可没有一点坏心眼儿啊！"

乾隆皇帝打开册页，只见纸上用墨笔勾勒出了钱塘江的江岸、周边的地势和江边的山形。还用不同的颜色画出了沙线，边上用小楷工工整整地写着"几月几日涨沙多少"等字样。乾隆皇帝一页页地翻过去，看到基本上是每月一张，偶有一个月几张的，记下的都是变化比较大的内容，有一夜之间坍了几十丈等。虽然用墨不多，寥寥几笔，但整个江岸的情形一看就非常清楚。

乾隆皇帝越看越兴奋，一拍桌子："好！好办法！小姑娘，这样的记录家里还有多少？"

"我哥有很厚一沓，但我没找到，可能都带到衙门去了，他到现在都没有回来，也不知道……"菱姑一脸的担忧。

"小姑娘，你放心，你哥没事！不但没事，还有好事！走！"乾隆皇帝带着周日清快步离开了茶馆，直奔县衙。

这可把县令吓得够呛，赶忙迎上前跪了下来："皇上开恩啊，我可没有把周秀才怎么样，在后衙好吃好喝供着哪，我就是怕他惊了驾。"

乾隆皇帝又把周守山叫来仔细地询问。这周秀才世代住在钱塘江边，受够水患之苦，早就盼着能修成万世永固的大塘。早几年，钱塘江一夜之间坍沙近百丈，潮水差点冲到县城，他就想着自己手无缚鸡之力，不能去抬石修塘，唯有日日查看江边江水和沙地的情况，记录下来给官府修塘做个参考。

乾隆皇帝听了周秀才的话，翻看着呈上来厚厚的一本记录画册，大为赞赏。第二天，他带着随从骑马回到船上，初七就到了杭州。一到杭州，他将周守山引荐给了浙江巡抚，同时做出规定，要求浙江巡抚必须记录好钱塘江每月的沙水涨坍变化，并与前一个月的变化做好比较，上折子报告。而且，每两个月，要将钱塘江沙水变化情况绘成舆图呈给自己御览。

此后，关于钱塘江海塘沙水情形的折子，就会定期出现在乾隆的御案上，在乾隆皇帝对海塘工程特别记挂时，还会要求浙江巡抚每月都报一次。为了让皇帝看得明白，舆图非常精美，往往用蓝色长条格表示石塘，用土黄色长线表示土塘，绿色长线表示备塘河，用青绿色长条波纹表示钱塘江江流主泓，用不同颜色表示江道内的新老淤沙，乾隆皇帝还亲自规定了塘内用深绿、中泓用深蓝、阴沙用水墨，并在不同地方贴签加以说明。乾隆皇帝不仅亲自阅览，还在图上进行批注，及时了解钱塘江水情和沙况的变化，及时调整海塘修筑的策略。

这个制度一直持续到了清朝晚期，只是光绪时候的海塘舆图质量，可没法与乾隆时候的相提并论。这些舆图，是研究清代海塘修筑的重要文献资料。

护塘英烈大王庙

钱塘江七堡这一段，正好是江道的一个大弯口，浩浩荡荡的潮水来到这里，疯狂地咆哮着："我不转弯，我要一直向前！"大有"翻江倒海山为摧"之势。年复一年，日复一日，日夜不辍，时而把堤岸撕开个大口子，肆虐无忌地嬉逐着流离失所的百姓。

为保障沿岸百姓的安全，历朝官府都会组织修筑海塘，土塘、草塘、柴塘，一条又一条、一道又一道，毁了修，修了毁，再毁再修。一直到乾隆年间，钱塘江七堡段筑成了鱼鳞石塘，才把潮水的嚣张气焰压了下去，百姓总算过了几年安耽日子。

转眼到了道光年间，七堡一带的潮水变得凶猛异常，而鱼鳞塘因数年得不到整修维护，也就不那么牢固了。又是一个大潮年份，七堡一带沿江居民又被潮水冲得屋毁牲亡，庄稼淹没，惨不忍睹。官府调动了塘兵，又从民间招募了一些民夫充当塘工，下决心一定要把七堡的海塘修好。

当时的杭州知府是个勤勉之人，亲自带人到现场督工，但不知道为什么，这个塘总是修不好，每次只要建到1丈多高，不是木桩塌陷了，就是条石倒翻了，被冲开的大缺口怎么也不能合龙。当地百姓百思不得其解，只能仰天大喊："龙王啊！你为什么要惩罚我们啊！"四处弥漫着呼天号地之声。

知府赶紧让人去了解情况，海塘同知回来说："这一段的江道情况很复杂，水流大而乱，因弯口还有漩涡，海塘的塘基早就被掏空了！"

"对呀，塘基都被掏空了，难怪修不上去啊。"

这时，有人出了个主意，当年他参与修海塘的时候，为了保证塘根塘基的牢固，碰到这种情况，常常是采用"大船沉石"的办法。"大船沉石"即用事先凿好备用开口的几条大船相互连接起来，每条船只都满满地装上大石头，指定船只行驶到需要的地方，再打开备用开口，让船连带石头一起沉下去，用以加固海塘的根基。为了确保沉船位置的准确，船只的备用开口凿得很大，只要一打开口子，装满石头的船就能快速下沉到达指定的位置。

知府沉思良久，觉得只能用这个办法了，只是这个撑船掌舵的人不好找啊！本来这活就相当危险，七堡这一段水情又这么复杂，风险就更大了。

知府沉默不语，一位千总说话了："大人，重赏之下，必有勇夫，我们向大家征集一下，说不定会发现技术和水性都特别好的人呢！"

告示一出，大家议论纷纷："这活可危险啊！有谁能干得了呀！"迟疑着都不敢上前。

过了一会，有位年轻人从人群中站了出来，伸手揭下了告示。

“咦，这不是王家埠的王老大吗，他的本领可是出了名的好，去年还在这段江里救起过一个孩子呢！”有村里人马上将年轻人认了出来。也有人认真地劝他道：“王老大，这活太危险了，还是让官兵们去干吧。”

王老大拿着告示大踏步地走进人群，同大家说：“我是老船工，撑船技术算不错，水性也好，得我去呀！官兵们可不熟悉这一段江水的脾性。”

知府很感动，再三关照王老大一定要注意安全。

这时，眼看潮水又慢慢涨了起来，时间不等人，王老大撑着已经准备好的三条连在一起的大船向决口驶去，岸上的人全神贯注，都紧紧地盯着。装满石头的船很沉，船舷刚刚到江面，还不时有江水灌进来。王老大左一篙右一篙，船歪歪扭扭地靠近塘身，越接近缺口，水流就越急，岸上的人看着都为他捏了一把汗。终于撑到指定的地方了，王老大先揭开其中一条船的备用开口，船进水后接着下沉。然后他立即跳到中间那条船上，用力撬动开口，这条船也快速往下沉。此时，大家都松了口气，只有最后一步了。王老大快速地翻到另一条船上，正用浑身力气撬着开口，突然，中间的船只猛地往下一沉，高高地顶起了还来不及撬开口子的那条船，王老大被抛出船外落到了水里，忽然就不见了。

岸上的人们不禁大声呼喊：“老大，老大！”

三条船连带石块都沉了下去，很快只能看到船上石堆的顶部了，一转眼，连顶部也淹没了。大家还在大声呼叫着：“老大，老大！”此时的王老大刚好被卡在了两条船的连接处，再大的力气也挣脱不出来。

知府含着眼泪指挥塘工们将沙包、石块从沉船的位置抛下去，终于，大决口被堵上了，而王老大也跟沉船一起永远留在了海塘里。

为了纪念王老大的壮举，沿江百姓自发捐助筹款，在钱塘江七堡江边修建了一座庙宇，取名“大王庙”。附近的百姓都很感念王老大的付出，每到他的忌日都来庙里烧香烧纸钱祭拜他。

为了修筑和守护海塘，前后牺牲过不少筑塘的官员和兵丁。远在东汉年间，就有一位叫周凯的塘官面对江潮摧毁堤岸，怆然高呼“吾将以身平之！”后跳入江潮之中。在守护海塘的过程中，有许多这样的塘官以身殉塘，用生命履行了自己的职责。官府为了表彰这些为抵御潮水而牺牲的英雄，在清道光二十八年（1848），专门为大王庙镌刻了一块石碑，记录下这些英勇的事迹。当时的大王庙正殿中间供奉着青龙菩萨，菩萨的脸是深绿色的，额角大而突出，眼睛特别有神，手里捧着朝板。两边配殿供奉的就是为修筑海塘牺牲的官员，圆形黑底金字的木牌上，刻有官员的姓名及职务。碑文依稀可见“浙郡十一其六濒海，濒海之郡皆患潮滥……数十丈工仓猝无所施……一线之塘为之保障……”等字样，落款为“闽浙总督刘韵珂撰并书”。

此后几年，潮水再也没有冲垮七堡湾的堤塘，农作物也极少再受到损毁，原本浪涛激荡的江面也变得平静许多，渐渐地成了人们渡江最安全的地方，“七堡渡口”也随之诞生了。当然，摆渡过江的人和船老大肯定都会到大王庙去祭拜一番。

“王老大就是青龙菩萨的化身，专门来护佑沿江百姓的。”在之后的岁月里，一个个故事传得活灵活现，各种传说也就在民间传扬开来，“大王庙”的香火也从未间断，且越来越旺。

后来沪杭公路修通后，七堡更成了水陆交通要道，南来北往的客商不断，成为杭州东部一带的重要集镇，人称“小上海”。

捐塘执照惹风波

李绍东这几天春风得意，他终于取得了监生的资格，可以衣锦还乡、扬眉吐气了。

李绍东6岁开蒙，清咸丰十年（1860）顺利通过了院试。13岁的秀才在处州府云和县也算是少年英才，声名远播，县里没人不夸李家出了个神童，这是要光宗耀祖的啊！谁知道，自从中了秀才后，李绍东虽然也发奋读书，却怎么努力也没再考上，县里人都笑话他江郎才尽了。

同治七年（1868）八月，李绍东又到杭州来考举人，前后整整9天，虽然考得头昏脑胀，但觉得自己每篇文章都写得极好，应该没有问题了，可真没想到，最后还是名落孙山。

这一天，他正在客栈里收拾行囊准备返乡，边收拾边叹道："唉，回去该怎么跟家里人交代呢？"

"李兄，李兄，好事啊！"跟他一起来赶考的王有财推门走了进来。

“你也没考上，还有什么好事！赶紧收拾收拾，一起回去吧。”

“唉，不用回去看白眼了，我真有天大的好消息要告诉你！”王有财左右看了看，把门轻轻地掩上。

“什么好消息？这么神秘兮兮的。”李绍东白了他一眼。

“李兄，合该咱们来运气了。我昨天在外面吃饭的时候呢，碰到一位王大人，王茂林，跟我同姓，一谈还是同一个祖宗，我们就认了亲。他现在府台衙门当着官呢，有门路能直接捐个监生[1]。”

“你开什么玩笑呀，监生是随便能捐的吗？只有考中举人成绩特别优秀的人，才能进国子监读书。要么是人家家里当大官儿的，可以做个荫生。”李绍东叹了口气，对着王有财说道，“像你我这样只是个秀才，连举人都没有考上，家里也没个当大官儿的，凭什么当监生啊？”

“真的真的，绝对是真的，要不我怎么说我们运气好呢！王哥跟我说，这回咱们可摊上好事情了。你知道这两年咱们浙江江潮泛滥，海塘频频倒塌，要修海塘朝廷可没那么多钱呀，现在为了筹集修海塘的钱，省里特别开恩，别说是秀才，就是童生也行，都可以捐呢，最多费点钱罢了。咱们是好兄弟，这么好的事情一定要叫上你！走，我已经约好了，现在就去找王哥。”

“真的能捐？那捐了以后也能去谋个八九品官了？我这考试也实在是考怕了！这样的好事情，到底靠不靠谱啊？”

①监生是国子监学生的简称。明清两代都有国子监作为最高学府，按规定，只有贡生或荫生才有资格入监学习。所谓贡生就是通过科举考试入监学习的人；所谓荫生就是依靠父祖的官位取得入监资格的官僚子弟。从明景帝开始，可以用钱捐到入监学习的资格。开始的时候仅限于生员，后扩大到平民。这种监生通称例监，也称为捐监或捐监生。因海塘的修筑耗费巨大，官府常通过捐监的形式来解决部分海塘的修筑经费。雍乾之际，乾隆皇帝下令停止海塘捐纳，一律动用正项钱粮。到后期，因财政紧张，又出现多种多样筹措海塘修筑经费的措施。

“我都说了，那是我哥，比亲哥还亲呢！”

李绍东和王有财两人分头收拾了一下行囊，一起去找那位王茂林。不一会儿，两人就来到了杭州城最大的一家客栈——同福轩，走进包厢，只见一位身穿茧绸大褂，头戴六棱瓜帽，上面还缀着一块白玉的中年男人，满面笑容地迎了出来。

“王哥，这就是我的同乡李绍东。李兄他可是我们云和县出了名的才子啊，只是运气不太好，这两年才考不中，既然有了王哥这么好的门路，咱们干脆也别考了，考试真的太累了。”

李绍东向王茂林拱手行礼，礼貌地说道：“王大人，说来也是惭愧呀，读了这么多年的圣人之书，还是没有什么进益，真是无颜回家见父老啊！”

“理解，理解，你我都是一样的，我也考了七八年都没考上。上半年朝廷刚刚开了这个海塘捐，我就花了 200 两银子捐了一个监生，现在已经担任了府台大人的幕僚了，也算是八品了。我与这位王兄非常投契，我们还是同一个房头的，也算是兄弟了，不然这种好事情我可不敢随便拿出来说啊，一旦被大家知道了还不抢破了头。”

李绍东一听到 200 两，就迟疑了，他可拿不出 200 两银子啊！

“是的是的，多谢王兄抬爱呀。只是，这银子……”

王茂林一看李绍东的表情就知道了，转身看着王有财，不紧不慢地说道：“王兄啊，你这位同乡不太方便，就算了吧。”

王有财赶紧给他斟酒：“哥，哥，别呀！我们都是诚心诚意的。我们两个人都需要呢，你神通广大，给想想办法，便宜点！”

王茂林沉吟了好一会儿：“好吧，谁叫我跟你们这么投缘呢，就当结个善缘吧。买一送一，200 两两个人！”

“多谢哥，我就知道你是个有本事的人！来，我敬你一杯。”

李绍东看着两人亲热的样子，心里暗暗合计着，考了七八年了，再考好像也没什么希望了，回去真不知道该怎么说。如果这次能捐一个监生，也好有个交代。若是再考不上，回到云和县去谋个主簿也是不错的。想到这里，他起身举起酒杯：“王大人，我也敬你一杯！”

三个人把捐监的事情谈妥以后，李王二人就把 200 两银票交给了王茂林，回到了客栈。第二天，王茂林果然如约送来了两份监照，只见上面写着自己的三代：

“曾祖：天顺

祖：梦庚、梦云

父：清和”

监照上还有“右照给监生李绍东收执”等字样，李绍东手捧监照，激动得热泪盈眶。

“王兄啊，你我也算是监生了，可以给祖宗一个交代了！”

李绍东收拾了行囊准备赶回家乡，而王有财还要跟着新认识的王哥，在省城多呆几天。

因为捐监顺利，李绍东也终于放松了心情，一路走一路游玩，不知不觉行走了20多天。当他翻过最后一座山头，望到了云和县的城门时，心里一阵激动，离开的时候，他还是个秀才，如今回来已经是监生了。他兴冲冲地往家里赶去。

谁知还没到家门，远远地就看见几个衙役正从他家里出来：“哎呀，李大人可回来了，我们可等了你好久了！”

李绍东一听这阴阳怪气的话，心里一咯噔：“什么意思？”

“什么意思？跟我们走一趟吧。”这些衙役突然变脸，把那个铁链往他身上一甩，眼睛一瞪说，“走吧，到太爷那里去把事情说说清楚。”

“不得无礼，我可是堂堂的监生！”

“什么监生，骗子还差不多。”

没等他进家门，县衙里的衙役就把李绍东押到了县太爷那里。

“李绍东，听说你捐了个监生？”县太爷倒是和颜悦色。

“是啊。”咦，我都还没进家门，怎么大家就知道了？李绍东有些纳闷。

“你人是还没到家，可省里的公文早几天就发过来了。前不久，省里抓了几个诈骗的恶人，假借修建海塘可以捐监生的名义，到处欺诈，你的那个执照也是假的。”

“不会吧。太爷，这是怎么回事情啊？上面还有大印呢！”李绍东赶紧翻出自己的监照交给了县太爷。

县太爷接过监照仔细一看，笑道：“果然如此，公文上写得很清楚，你的这个执照上面可没有提塘戳记呀，就是个伪造的。”

“啊？！”李绍东听了，只觉得眼前一黑，原来执照竟然是假的。

可怜他连家门都没有进，第二天县衙的人就把他带到了杭州。

到了府台衙门，李绍东把前因后果向知府大人做了禀告。原来那个王茂林真名叫黄富贵，以前是个讼棍，还在衙门里做过书办。他听说了官府要筹款修海塘、准备纳捐的消息，就去欺诈那些没有门路的读书人，前前后后，已经有上百号人上当了，赃款多达数万两。而李绍东的那个同乡竟然也跟黄富贵是一伙的，从中也分得了好几千两的银子。

李绍东听了以后感慨万千，真是没有想到，看上去道貌岸然的，竟然包藏祸心啊！

后来，杭州知府见李绍东确实老实本分，又可怜他千里奔波还上当受骗，就同意他捐了个监生，这回只花了 88 两银子。

衙门的书办给他看了一份《省塘遵宪发照》文书后说：“这个文书是要给处州府云和县衙登记造册的，这才算是有了正式的名分啊！”

李绍东不仅拿到了有提塘戳记的监照，还拿到了一份户部执照。摸着上面红红的印戳，李绍东长长地呼了一口气，这回可真踏实了！

尾声

杭州，因湖而名，因河而兴，因塘而存。钱塘江海塘与杭州城市的发展息息相关。

杭州的海塘最早从什么时候开始修筑，难以确切考证，只在刘道真的《钱唐记》中留下了关于“华信筑塘”的记载。1983 年，江城路“吴越捍海塘”遗址的发现，揭开了杭州古海塘神秘的面纱。2020 年，杭州海塘遗址博物馆建成开放，钱塘古海塘从此融进了市民百姓的生活。

参考文献

1. 俞纪东：《越绝书全译》，贵州人民出版社，1996 年。

2. 汪家伦：《古代海塘工程》，水利电力出版社，1988 年。

3. 王国平总主编，黄昊明主编：《钱塘江文献集成》，杭州出版社，2019 年。

4. 浙江省河道管理总站、浙江省钱塘江管理局、周潮生编著：《钱塘江海塘诗词选注》，浙江人民出版社，2018 年。

5. 周潮生、钱旭中：《钱江潮》，水利电力出版社，1936 年。

6. 和卫国：《治水政治——清代国家与钱塘江海塘工程研究》，中国社会科学出版社，2015 年。

7. 浙江省钱塘江管理局编著：《萧绍海塘文化专题研讨会论文集》，上海古籍出版社，2016 年。

8. 萧山县志编撰委员会：《萧山县志》，浙江人民出版社，1987 年。

丛书编辑部

艾晓静　包可汗　安蓉泉　李方存　杨海燕
肖华燕　吴云倩　何晓原　余潇朦　张美虎
陈　波　陈炯磊　尚佐文　周小忠　胡征宇
姜青青　钱登科　郭泰鸿　陶文杰　潘韶京
（按姓氏笔画排序）

特别鸣谢

曹晓波　方龙龙　陶水木（系列专家组）
魏皓奔　赵一新　孙玉卿（综合专家组）
夏　烈　郭　梅（文艺评论家审读组）

图片作者

张国栋　项隆元　姚建心
（按姓氏笔画排序）